高等学校遥感信息工程实践与创新系列教材

R语言空间数据处理与分析实践教程

卢宾宾　编著

WUHAN UNIVERSITY PRESS
武汉大学出版社

图书在版编目(CIP)数据

R语言空间数据处理与分析实践教程/卢宾宾编著．—武汉：武汉大学出版社，2018.10

高等学校遥感信息工程实践与创新系列教材

ISBN 978-7-307-20546-8

Ⅰ.R…　Ⅱ.卢…　Ⅲ.程序语言—应用—空间测量—数据处理—高等学校—教材　Ⅳ.P236-39

中国版本图书馆CIP数据核字(2018)第217606号

责任编辑:鲍　玲　　　责任校对:李孟潇　　　版式设计:汪冰滢

出版发行：**武汉大学出版社**　(430072　武昌　珞珈山)

(电子邮件：cbs22@whu.edu.cn　网址：www.wdp.com.cn)

印刷:湖北民政印刷厂

开本:787×1092　1/16　印张:9.75　字数:231千字　插页:7

版次:2018年10月第1版　2018年10月第1次印刷

ISBN 978-7-307-20546-8　定价:29.00元

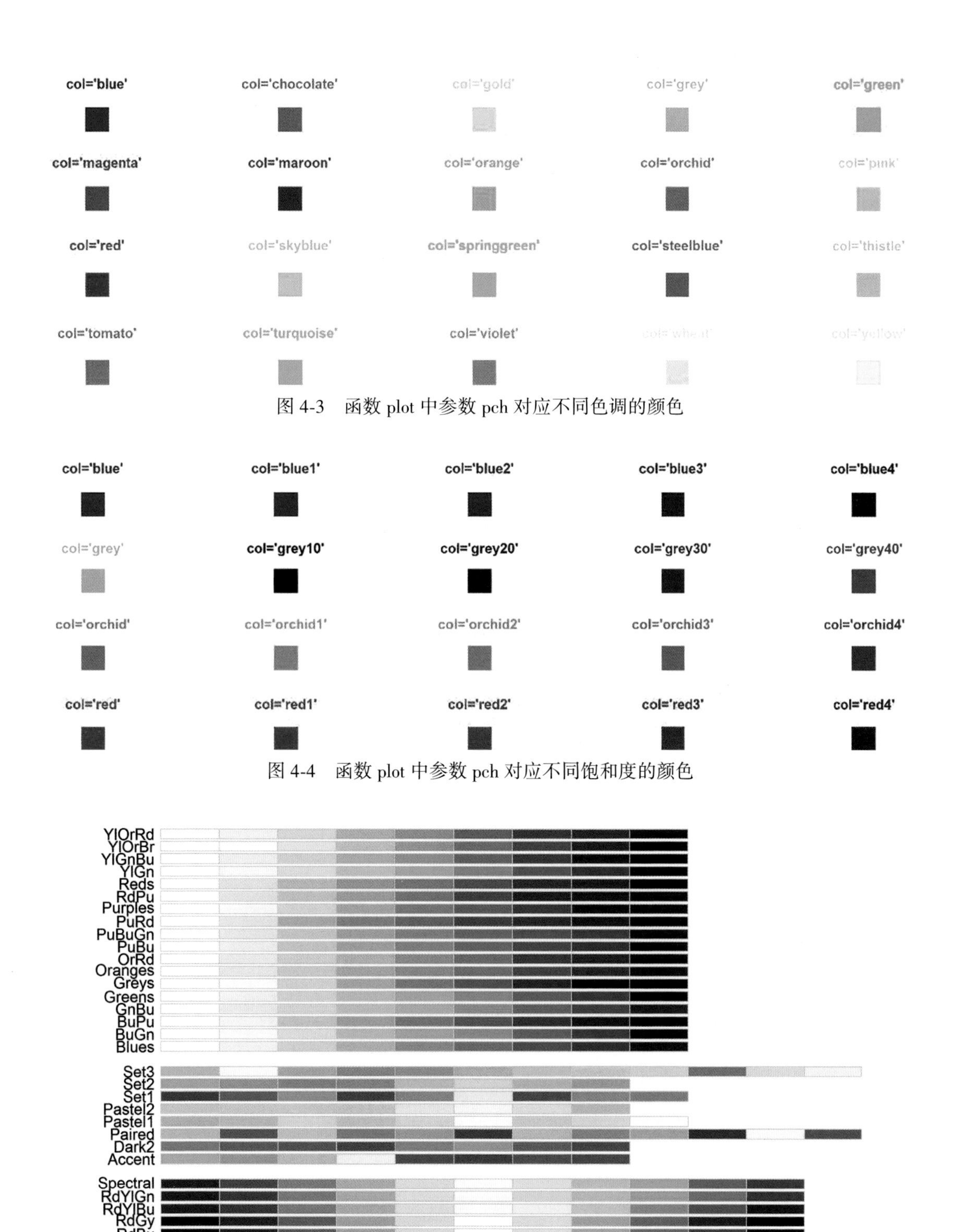

图 4-3　函数 plot 中参数 pch 对应不同色调的颜色

图 4-4　函数 plot 中参数 pch 对应不同饱和度的颜色

图 4-5　RcolorBrewer 调色板

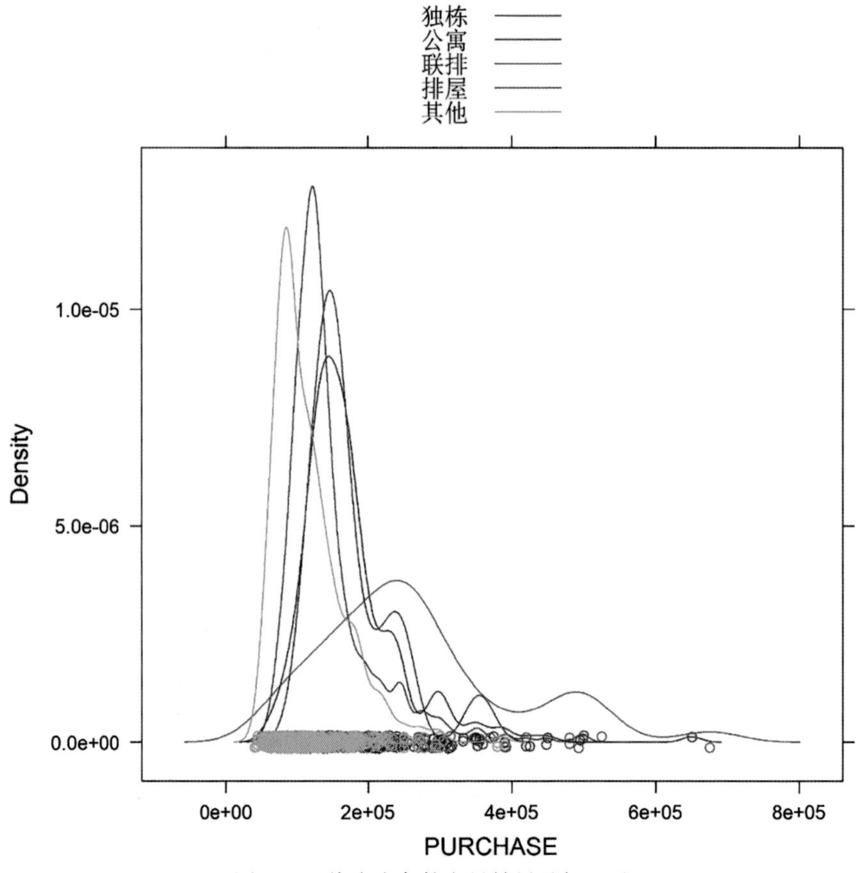

图 4-24　将多个条件变量结果叠加显示

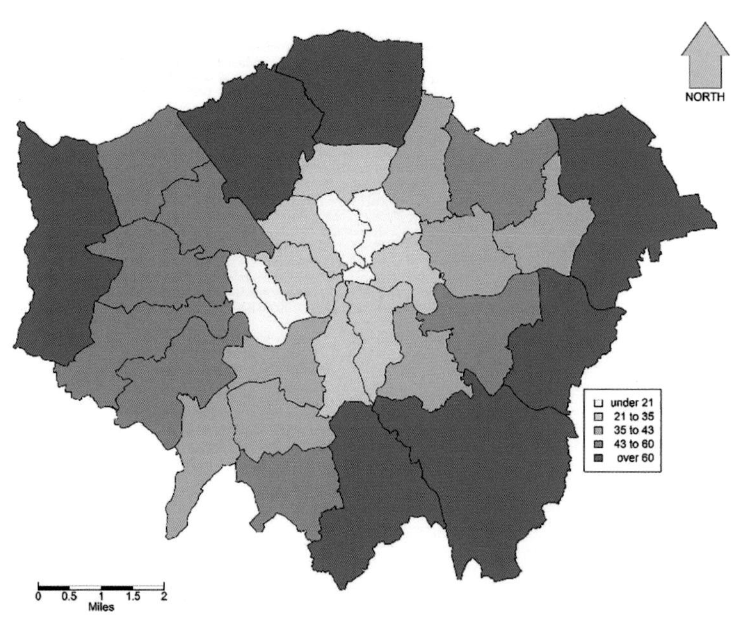

图 5-11　choropleth 函数制作专题图示例(蓝色主题)

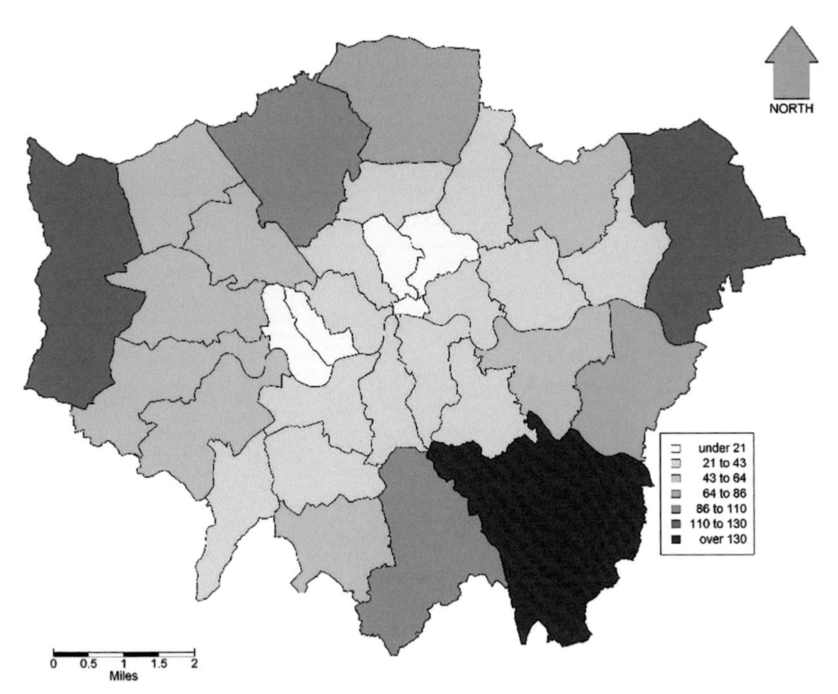

图 5-12　choropleth 函数制作专题图示例(绿色主题)

图 5-13　伦敦市道路网络数据类别可视化

图 5-14　伦敦市道路网络数据类别可视化(颜色+线型)

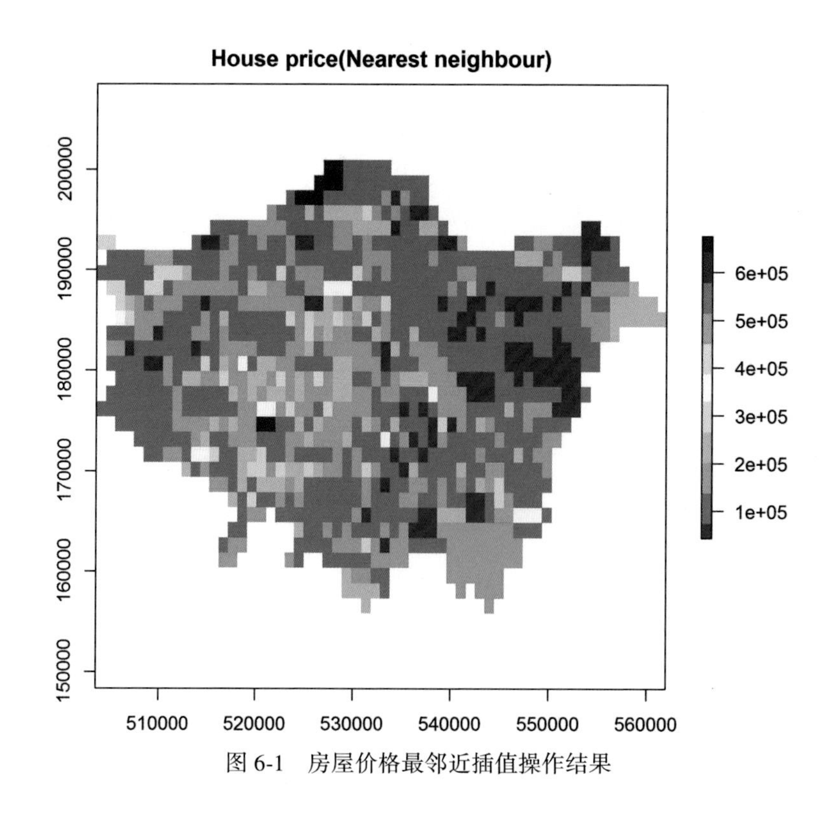

图 6-1　房屋价格最邻近插值操作结果

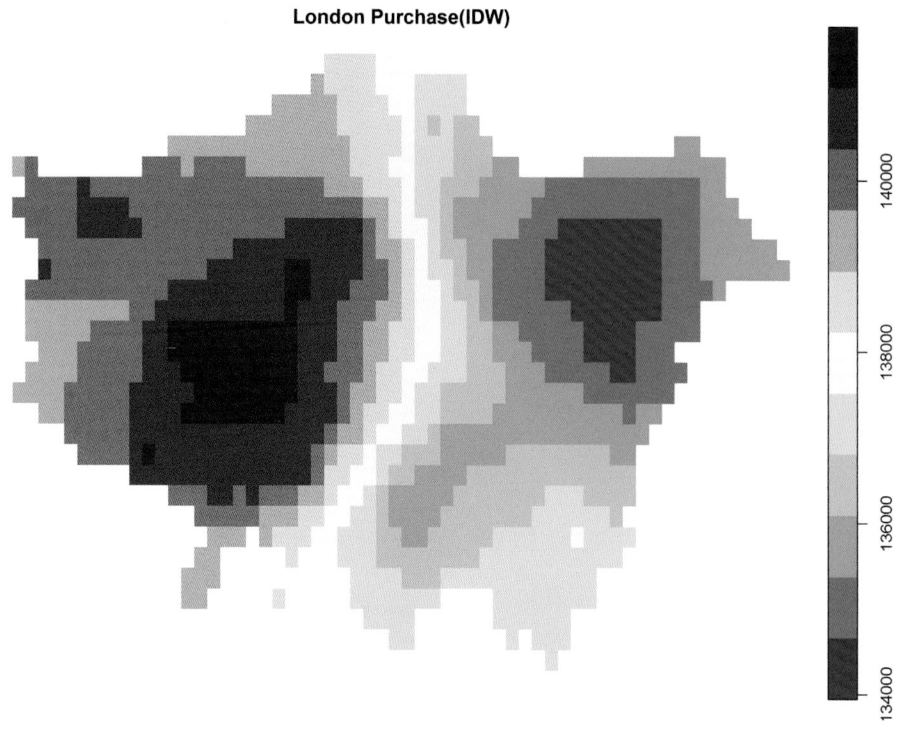

(a) β =0. 3 时的插值结果

(b) β =10 时的插值结果

图 6-2　IDW 插值(函数包 **gstat**)

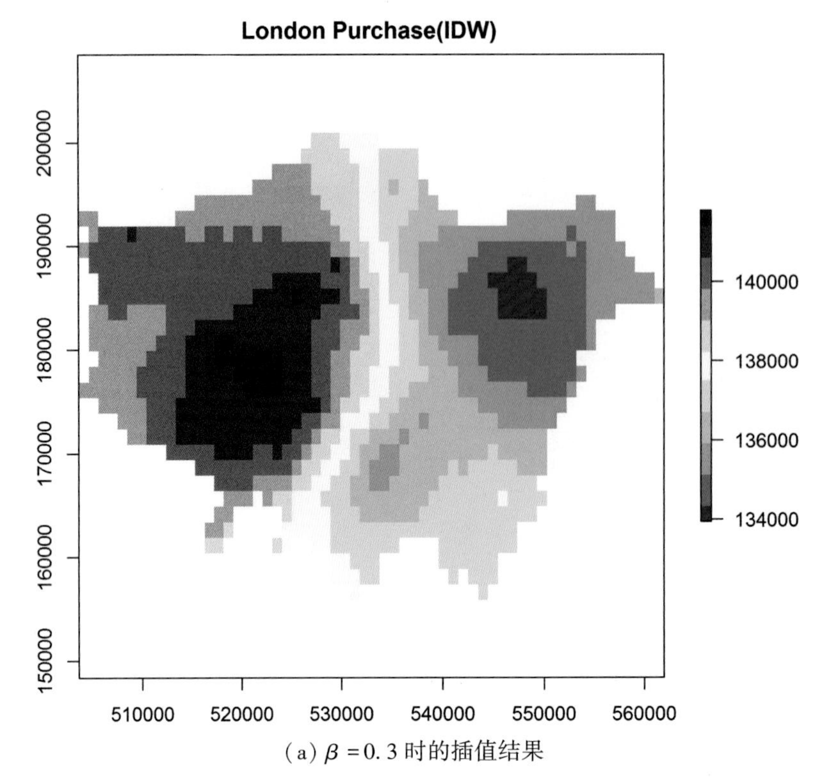

(a) β =0.3 时的插值结果

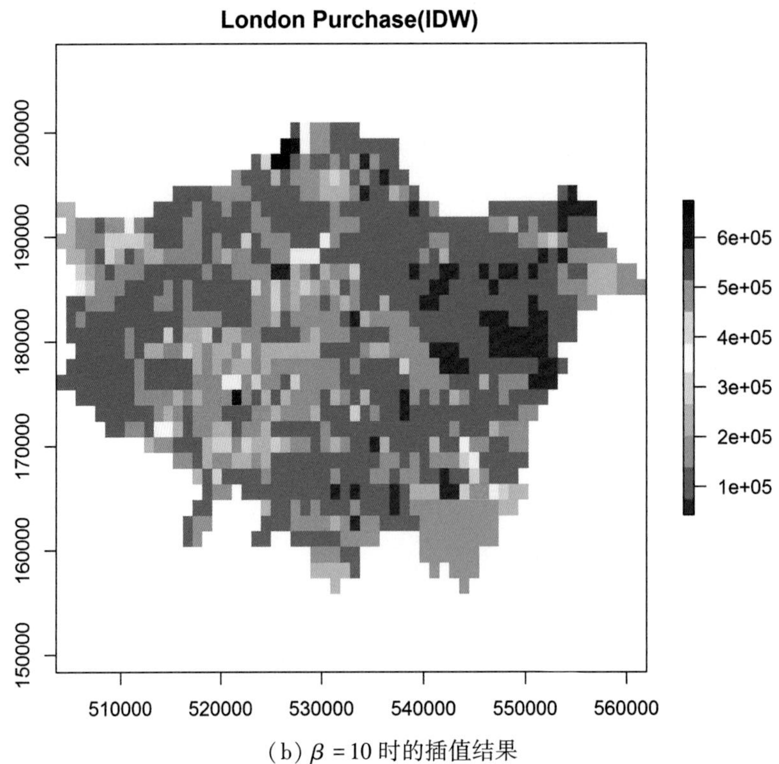

(b) β =10 时的插值结果

图 6-3　IDW 插值(函数包 **raster**)

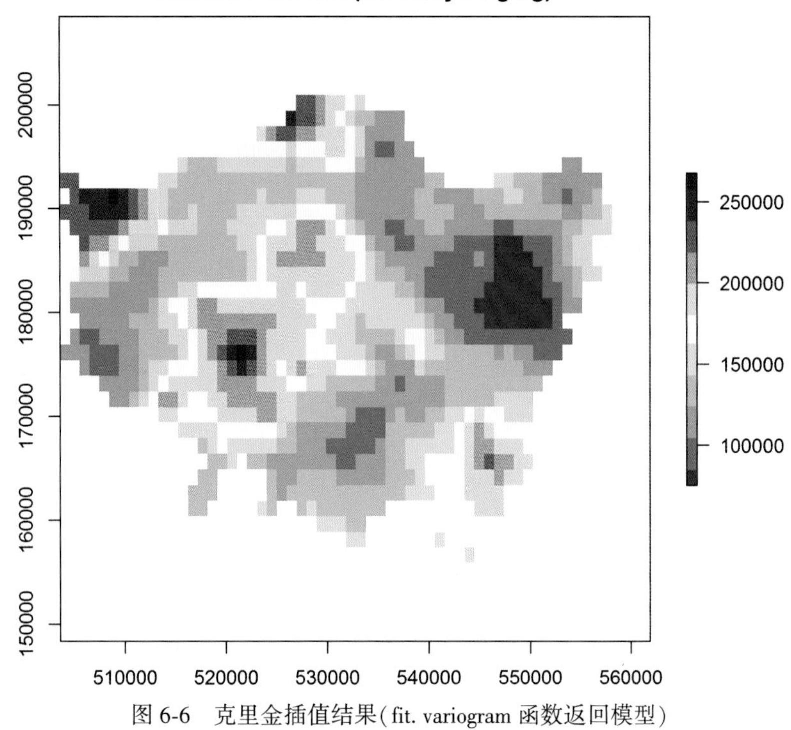

图 6-6　克里金插值结果(fit. variogram 函数返回模型)

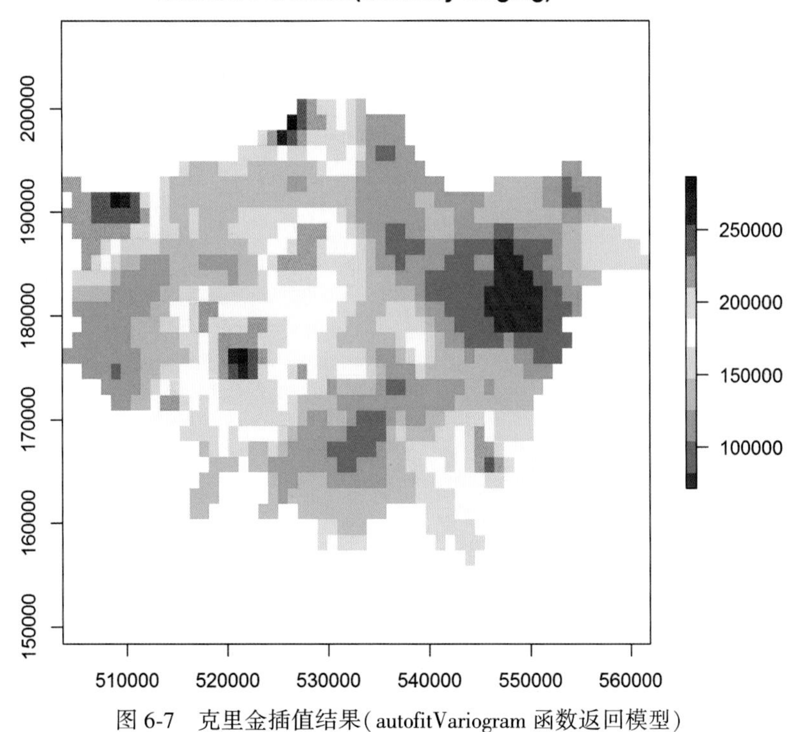

图 6-7　克里金插值结果(autofitVariogram 函数返回模型)

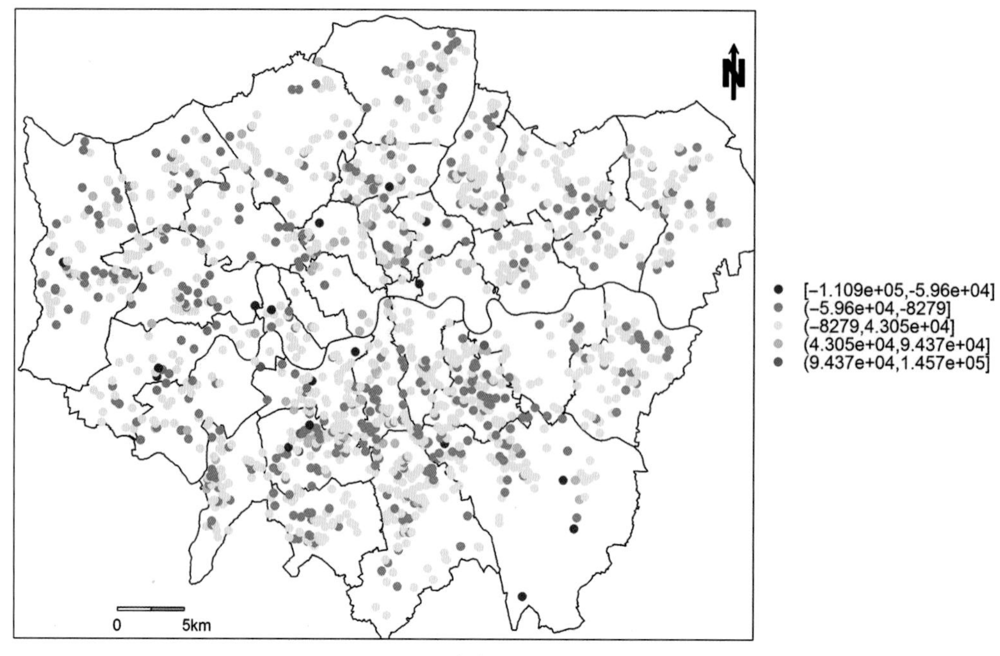

（a）residual 参数 GWR 结果可视化

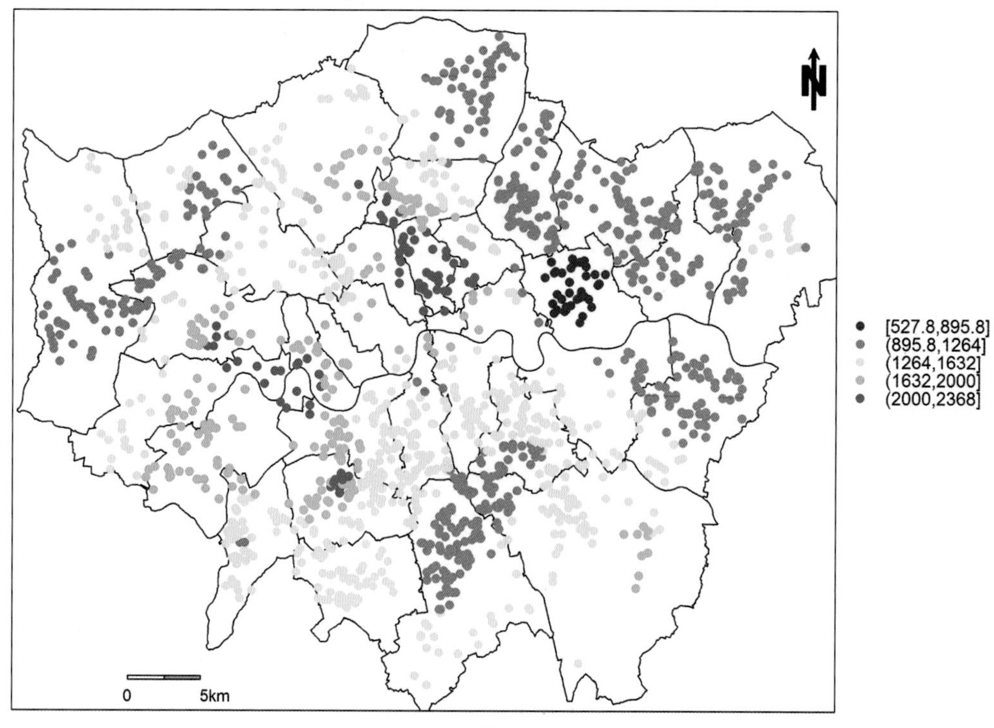

（b）FLOORSZ 参数 GWR 结果可视化

图 6-27　GWR 结果可视化

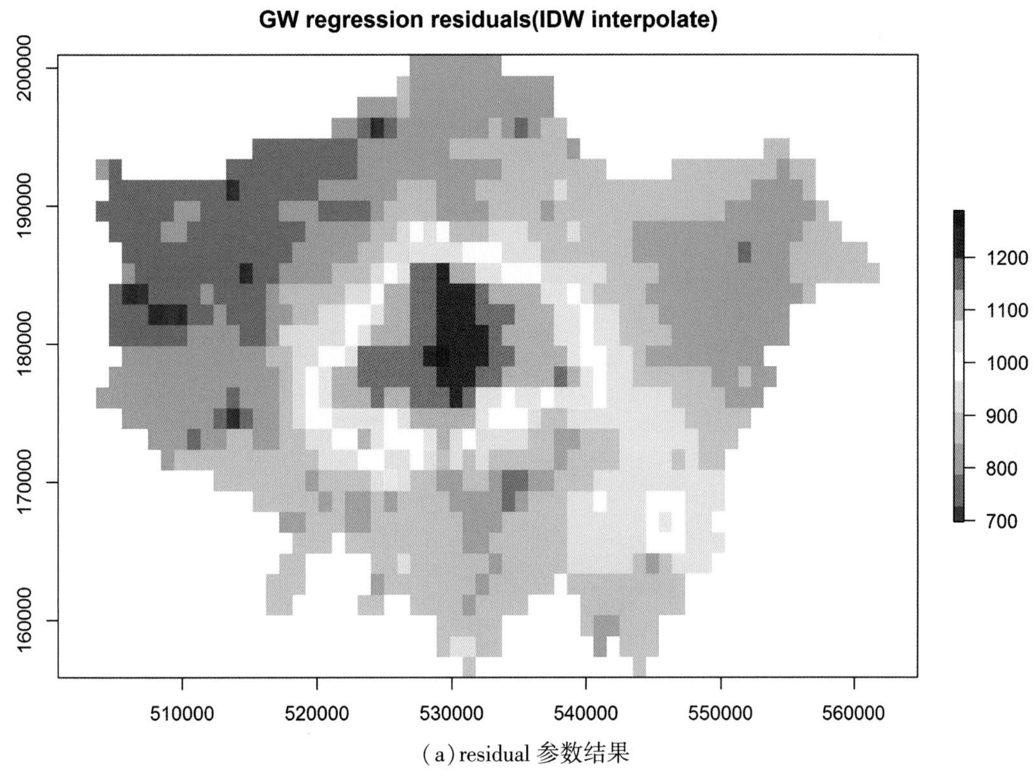

(a) residual 参数结果

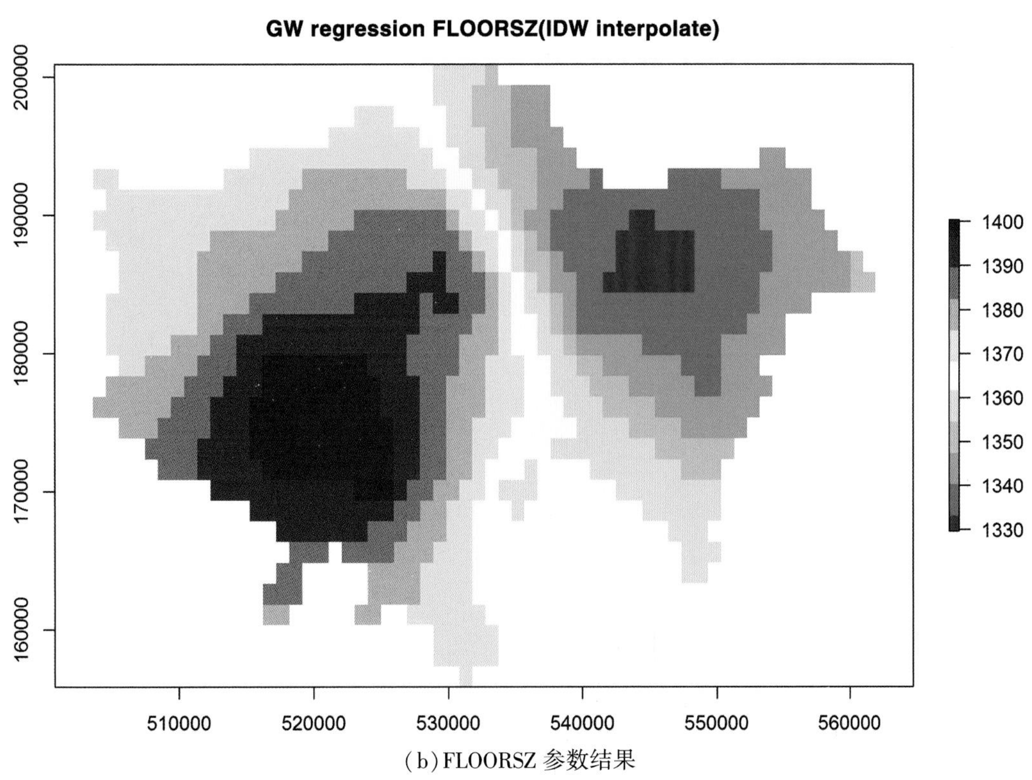

(b) FLOORSZ 参数结果

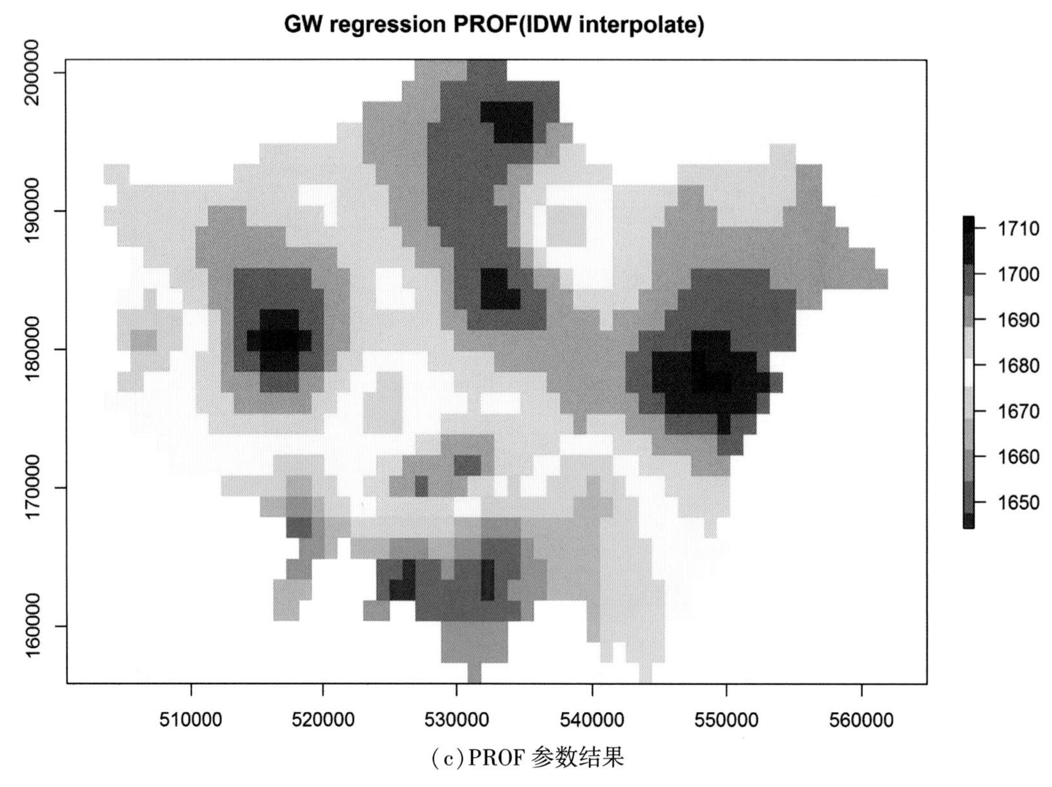

(c) PROF 参数结果

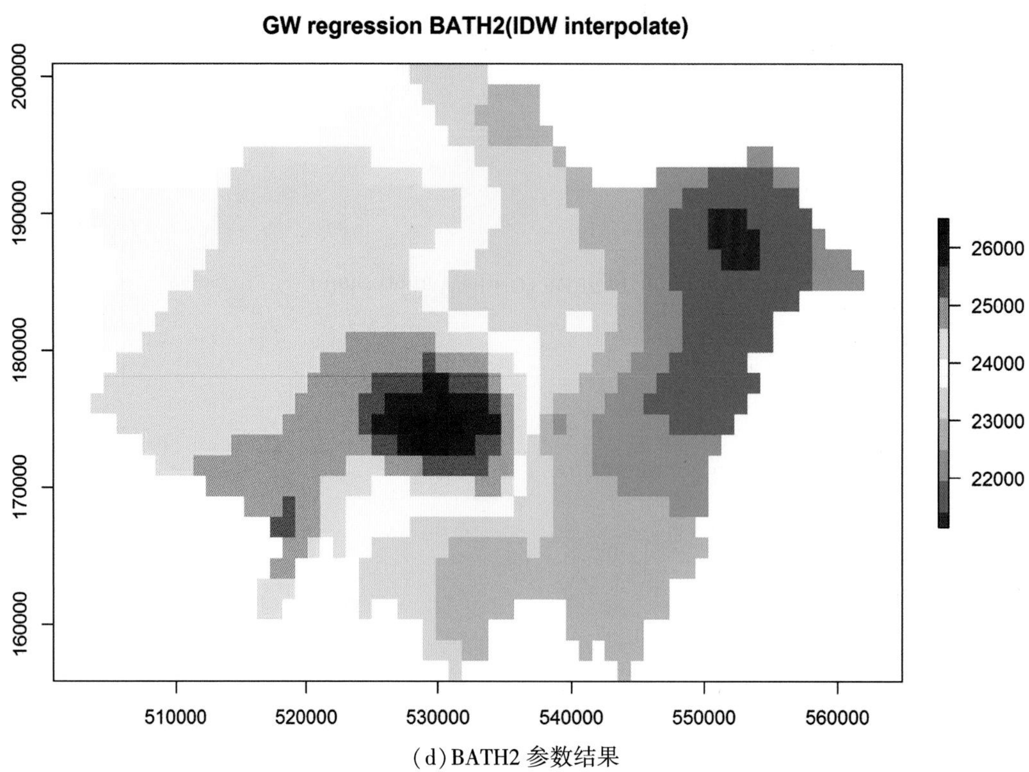

(d) BATH2 参数结果

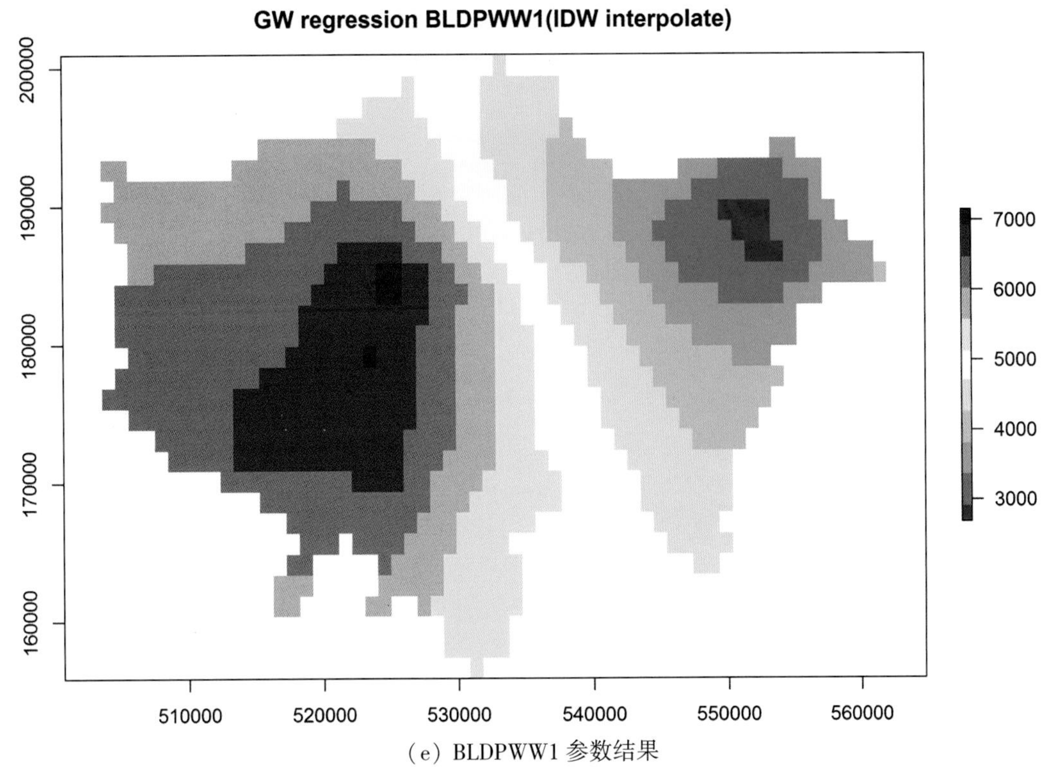

(e) BLDPWW1 参数结果

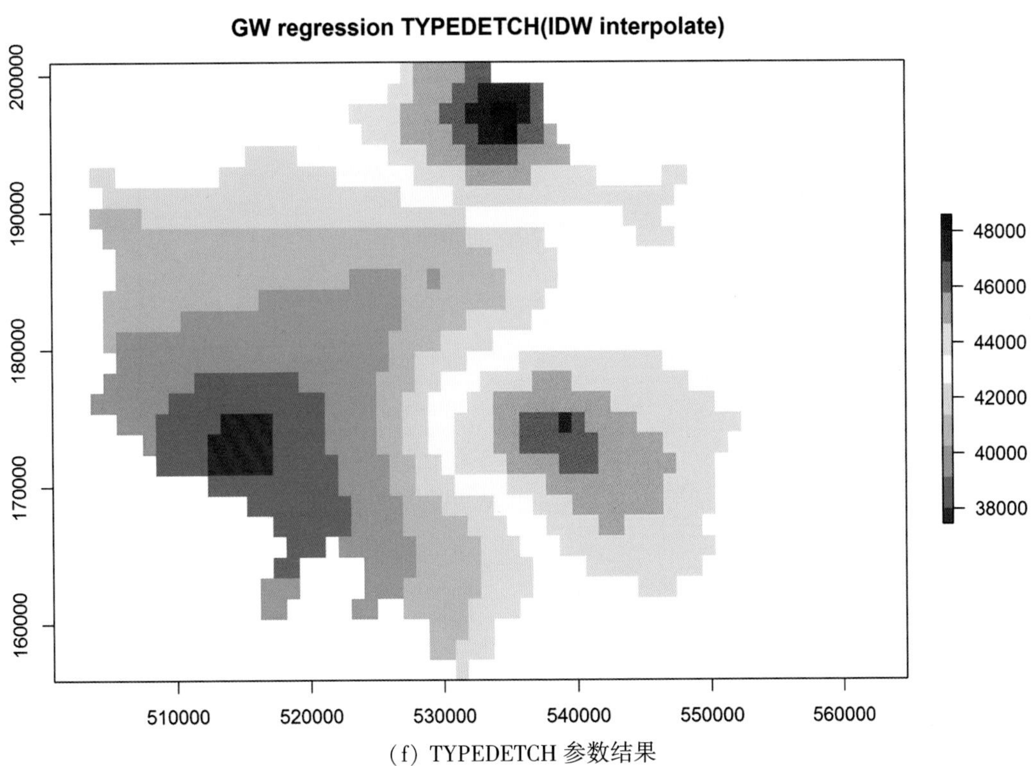

(f) TYPEDETCH 参数结果

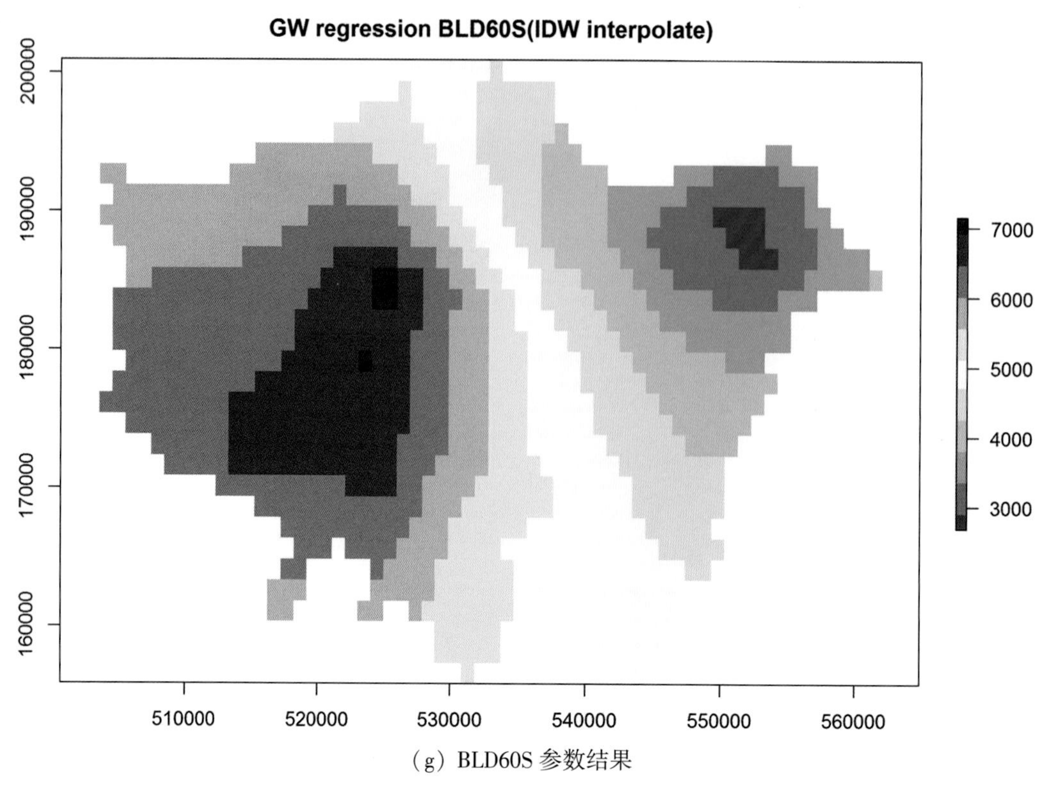

（g）BLD60S 参数结果

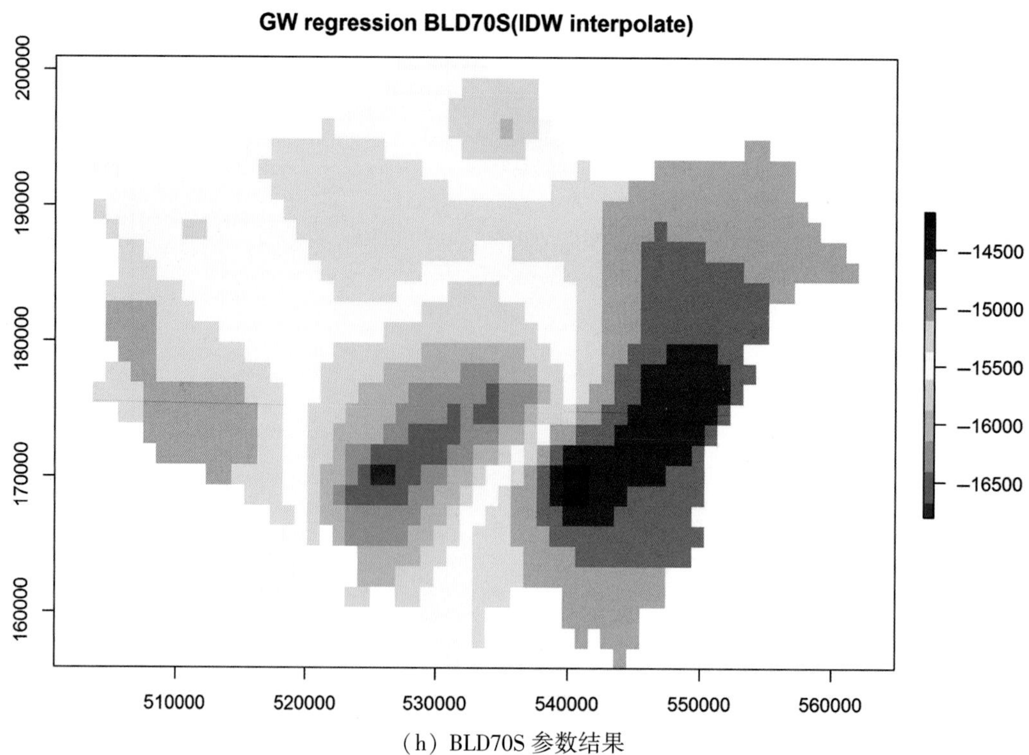

（h）BLD70S 参数结果

图 6-29　GWR 模型求解系数 IDW 插值结果

序

实践教学是理论与专业技能学习的重要环节，是开展理论和技术创新的源泉。实践与创新教学是践行“创造、创新、创业”教育的新理念，实现“厚基础、宽口径、高素质、创新型”复合型人才培养目标的关键。武汉大学遥感信息工程类(遥感、摄影测量、地理国情监测与地理信息工程)专业人才培养一贯重视实践与创新教学环节，“以培养学生的创新意识为主，以提高学生的动手能力为本”，构建了反映现代遥感学科特点的“分阶段、多层次、广关联、全方位”的实践与创新教学课程体系，目的在于夯实学生的实践技能。

从“卓越工程师计划”到“国家级实验教学示范中心”建设，武汉大学遥感信息工程学院十分重视学生的实验教学和创新训练环节，形成了一套针对遥感信息工程类不同专业和专业方向的实践和创新教学体系，形成了具有武大特色以及遥感学科特点的实践与创新教学体系、教学方法和实验室管理模式，对国内高等院校遥感信息工程类专业的实验教学起到了引领和示范作用。

在系统梳理武汉大学遥感信息工程类专业多年实践与创新教学体系和方法的基础上，整合相关学科课间实习、集中实习和大学生创新实践训练资源，出版遥感信息工程实践与创新系列教材，以更好地服务于武汉大学遥感信息工程类在校本科生、研究生实践教学和创新训练，并可为其他高校相关专业学生的实践与创新教学以及遥感行业相关单位和机构的人才技能实训提供实践教材资料。

攀登科学的高峰需要我们沉下去动手实践，科学研究需要像“工匠”般细致入微地进行实验，希望由我们组织的一批具有丰富实践与创新教学经验的教师编写的实践与创新教材，能够在培养遥感信息工程领域拔尖创新人才和专门人才方面发挥积极作用。

2017 年 1 月

前　言

R 语言是当前最流行的统计计算、数据分析和图形可视化的开源平台软件之一，尤其在空间统计与分析领域发挥的作用越来越大，也被国内外越来越多的学者所接受和使用。为了使相关专业的本科生了解并学会使用 R 语言，接触空间统计分析领域的最新进展，笔者特编写了本书。

本书将从 R 语言入门基础开始，由浅入深、循序渐进地介绍如何利用 R 软件及相关的函数包实现常用类型空间数据的导入、导出、处理和基础空间统计分析操作，并初步涉猎了统计可视化和空间可视化技巧的相关知识。在本书的撰写过程中，笔者主要采用一套数据进行举例与设置练习，帮助读者领会不同方法的融会贯通。在本书最后一章，通过一个选址分析案例实现对之前所学方法和技巧的综合训练与能力提高。

本书可作为地理信息工程、地理国情监测、遥感科学与技术等测绘科学与技术专业的本科生教材，也可作为使用 R 语言进行空间数据处理分析、空间统计和可视化等方面学习的参考用书。

本书在编写过程中，使用了笔者攻读博士期间所学课程和科研中的数据与代码，在此对 Martin Charlton、Chris Brunsdon、Paul Harris 和 Urška Demšar 等人在这方面的悉心指导深表感谢。此外，本书也参考了诸多相关书籍、论文和在线资料，笔者对所有作者，尤其是一些开源资料和教程的无私贡献者一并表示感谢。最后，笔者对参与本书部分章节编写和校对工作的伍琛、谢嘉仪同学表示衷心感谢！

由于本人水平有限，书中必然存在不足和不当之处，恳请读者不吝指正(binbinlu@whu.edu.cn)！

卢宾宾

2017 年 12 月

本书相关代码和数据的下载地址：

http://res.wdp.com.cn/res? id=121& sub=1513

目　　录

第1章　R语言基础 ………………………… 1
1.1　R语言准备 ………………………… 1
1.2　数据类型 ………………………… 6
1.3　变量及运算符号 ………………………… 8
1.4　R语言基础编程语法 ………………………… 10
1.5　章节练习与思考 ………………………… 14

第2章　R语言基础数据文件操作处理 ………………………… 15
2.1　章节R函数包准备 ………………………… 15
2.2　基础数据读写 ………………………… 17
2.3　基础数据文件存储 ………………………… 21
2.4　基础数据操作与处理 ………………………… 22
2.5　章节练习与思考 ………………………… 29

第3章　R语言空间数据处理 ………………………… 30
3.1　章节R函数包准备 ………………………… 30
3.2　空间数据对象基本类型 ………………………… 31
3.3　空间数据的导入、导出 ………………………… 41
3.4　空间数据操作与处理 ………………………… 47
3.5　章节练习与思考 ………………………… 64

第4章　R语言统计数据表达与可视化 ………………………… 66
4.1　章节R函数包准备 ………………………… 66
4.2　基础plot函数 ………………………… 67
4.3　基础统计可视化 ………………………… 72
4.4　多元数据可视化 ………………………… 81
4.5　章节练习与思考 ………………………… 84

第5章　R语言空间数据表达与可视化 ………………………… 85
5.1　章节R函数包准备 ………………………… 85
5.2　空间对象可视化 ………………………… 86

5.3　空间属性数据可视化…… 91
5.4　交互式数据可视化…… 96
5.5　章节练习与思考 …… 106

第6章　R语言空间统计分析…… 108
6.1　章节R函数包准备 …… 108
6.2　空间插值 …… 109
6.3　空间自相关分析 …… 114
6.4　空间回归分析 …… 121
6.5　章节练习与思考 …… 131

第7章　学校选址案例综合分析…… 132
7.1　背景介绍 …… 132
7.2　案例分析与实施 …… 132
7.3　章节练习与思考 …… 143

附录…… 144

参考文献…… 146

第1章　R语言基础

1.1　R语言准备

R语言是当前最流行的统计计算、数据分析和图形可视化的开源平台软件之一，它起源于贝尔实验室所开发的统计语言S，在此基础上高度扩展，提供了各种各样的统计分析（如线性和非线性建模、经典统计测试、时间序列分析、分类、聚类分析等）和可视化技术，尤其针对空间数据分析和地图可视化，也提供了丰富的工具函数。从本章开始，将介绍**R**语言的相关基础知识、空间数据处理、可视化和空间分析方面的操作与函数。

1.1.1　R软件安装

在浏览器中输入以下网址：https：//cran. r-project. org，如图1-1所示，有三个链接，分别对应了Linux、Mac OS和Windows操作系统，选择一个合适的版本，进入下载页面。

以下载Windows版本的**R**软件为例，下载页面如图1-2所示。其中，base链接对应为**R**安装软件的下载链接，此处用户可暂时不必关注其他链接。下载完毕后，用户可按照

图1-1　CRAN网站

“Step-by-Step”安装向导进行安装，在此不再详述。

R for Windows

Subdirectories:

base	Binaries for base distribution (managed by Duncan Murdoch). This is what you want to **install R for the first time**.
contrib	Binaries of contributed CRAN packages (for R >= 2.11.x; managed by Uwe Ligges). There is also information on third party software available for CRAN Windows services and corresponding environment and make variables.
old contrib	Binaries of contributed CRAN packages for outdated versions of R (for R < 2.11.x; managed by Uwe Ligges).
Rtools	Tools to build R and R packages (managed by Duncan Murdoch). This is what you want to build your own packages on Windows, or to build R itself.

Please do not submit binaries to CRAN. Package developers might want to contact Duncan Murdoch or Uwe Ligges directly in case of questions / suggestions related to Windows binaries.

You may also want to read the R FAQ and R for Windows FAQ.

Note: CRAN does some checks on these binaries for viruses, but cannot give guarantees. Use the normal precautions with downloaded executables.

图 1-2　**R** 软件下载页面

安装完毕后，能够在桌面或系统启动项列表中发现 **R** 软件的两个启动快捷方式(32bit 版本和 64bit 版本)，选择其一打开，启动后软件界面如图 1-3 所示，以命令行形式输入 **R** 命令脚本，输出结果会在当前窗体内显示。

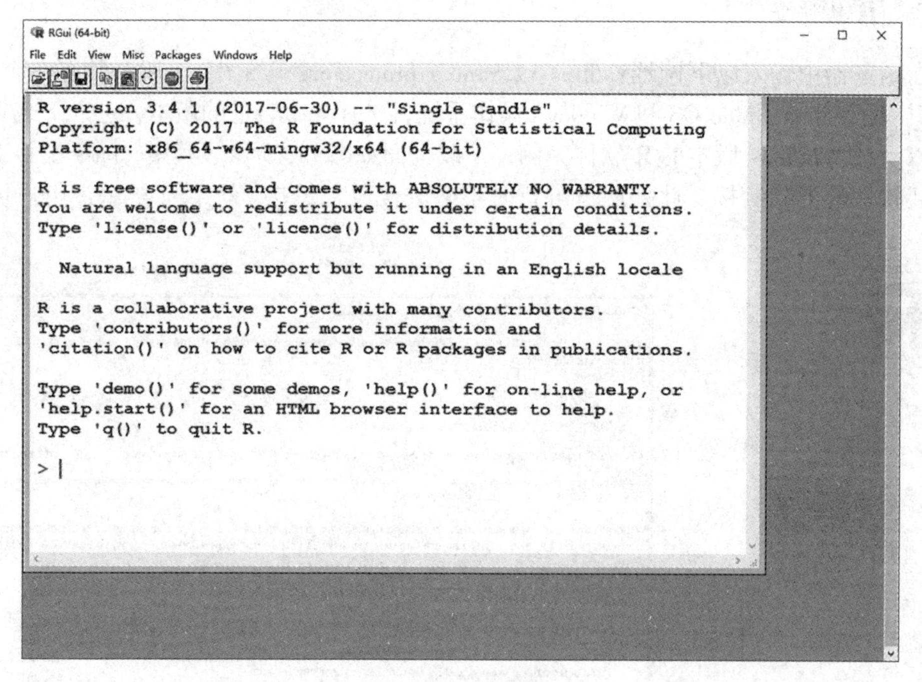

图 1-3　**R** 软件启动界面

1.1.2　R 辅助编程软件

“工欲善其事，必先利其器。”**R** 软件仅提供了命令行输入和对应输出界面，而对于 **R**

语言脚本编辑仅提供了一个普通的文本编辑器，这非常不利于长时间、复杂的 **R** 语言编程操作。为了更加方便地进行 **R** 语言编程，提升编程时的体验感，此处介绍若干较流行的 **R** 辅助编程软件工具，以供各用户择优选择。

(1) RStudio

RStudio 是当前 **R** 编程辅助工具的第一利器，最受用户欢迎，桌面版本可到其官网(https：//www. rstudio. com)免费下载使用。如图 1-4 所示，RStudio 提供了一个仿 Matlab 的界面，包含以下四个部分：

①左上部分：代码编辑器，提供了最常用的 **R** 语言脚本编辑器，最新版的 RStudio 已经融入代码提示和补全功能；

②左下部分：**R** 控制台程序入口，提供 **R** 命令输入和控制台结果输出；

③右上部分：工作空间和历史命令信息，尤其在工作空间中可实时查看当前包含的变量情况；

④右下部分：文件管理、可视化窗口、函数包管理和帮助文档管理界面。

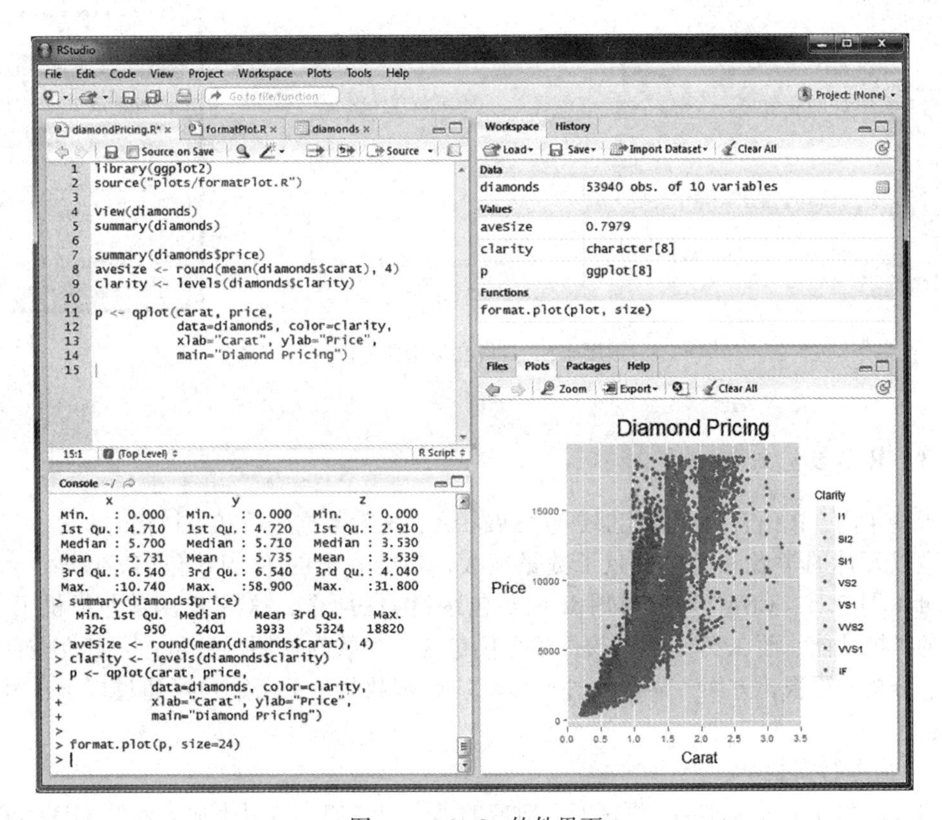

图 1-4　RStudio 软件界面

(2) Tinn-R 编辑器

Tinn-R 编辑器是一款开源、免费、纯粹的 **R** 代码编辑器，安装文件可在 sourceforge 网站(https：//sourceforge. net/projects/tinn-r/)下载。Tinn-R 界面如图 1-5 所示，其能够提

供便捷、标准的 **R** 语言代码编辑功能。通过图 1-5 中方框处的 **R** 图标和控制台图标，可直接启动对应的 Rgui 程序和 Rterm 控制台，之后可通过工具栏中代码传递工具实现 Tinn-R 与 Rgui 或 Rterm 之间的代码传递，即可直接在 **R** 控制台中执行编辑器中的对应代码。

除了 RStudio 和 Tinn-R 之外，其他多种编辑器也可用于辅助 **R** 编程，如 Notepad++、ConTEXT、Vim、Sublime 等，请有兴趣的读者自行搜索。选择哪一种编辑器，仁者见仁，本书建议选择最熟悉的那一款。

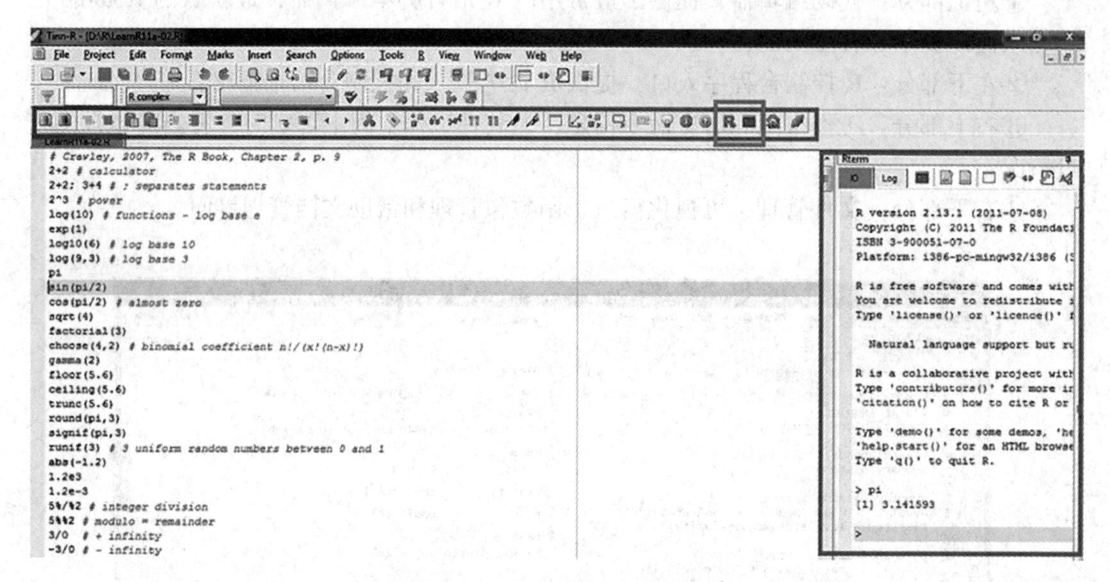

图 1-5　Tinn-R 编辑器界面

1.1.3　R 函数包安装

近些年内，**R** 语言之所以能够迅速发展壮大，成为数据分析和可视化的新宠，完全借助于数以万计的学者和机构贡献了数量庞大、功能齐全的 **R** 函数包(Packages)，截至 2017 年 8 月 7 日，CRAN 网站可用 **R** 函数包达到 11194 个，这些 **R** 函数包提供了丰富、强大的扩展功能。而在安装的 **R** 软件中，仅包含了少数的常用函数包，尤其在空间数据处理、分析和可视化方面，需要额外安装对应的函数包。**R** 函数包可通过以下三种方式安装：

(1)命令行安装

通过函数 install. packages 直接安装对应的函数包，如通过以下命令安装 **GWmodel** 函数包：

```
install.packages("GWmodel")
```

尤其在 Mac OS 和 Linux 系统中，一般可直接通过命令进行对应函数包的安装。这种安装方式较为简单和直接，但如果函数包名称有误，就会出现错误，导致安装不成功。

(2)菜单栏工具安装

通过单击菜单栏“程序包”→“安装程序包”，进行程序包安装。第一次单击菜单栏工具之后，首先会出现选择 CRAN 镜像的对话框，如图 1-6 所示。为了快速安装程序包，请使用标示为“China”的镜像，如“China Lanzhou”为服务器设置在兰州大学的 CRAN 镜像。注意，在打开的当前 Rgui 中，只需要选择一次 CRAN 镜像，之后在其未关闭之前均会按照第一次的镜像选择执行，不需要重新选择。

选择镜像之后，再等待数秒，就会出现当前版本的 **R** 可用的① CRAN 上函数包列表(按照字母顺序排列)，找到待安装函数包名称(如 **GWmodel**)后，选中后点击“OK”，该函数包及其关联函数包将会被自动安装，如图 1-7 所示。在选择函数包时，按住 Ctrl 键可实现多个函数包的安装。注意，命令行和菜单栏工具安装均需要在电脑设备连网的前提下进行。

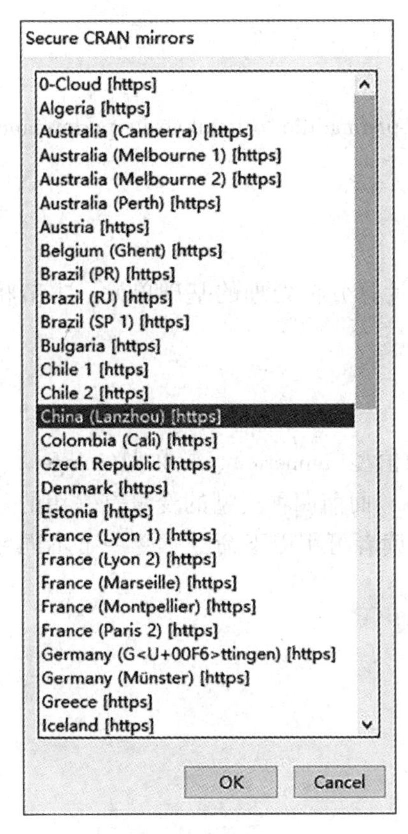

图 1-6　CRAN 镜像选择

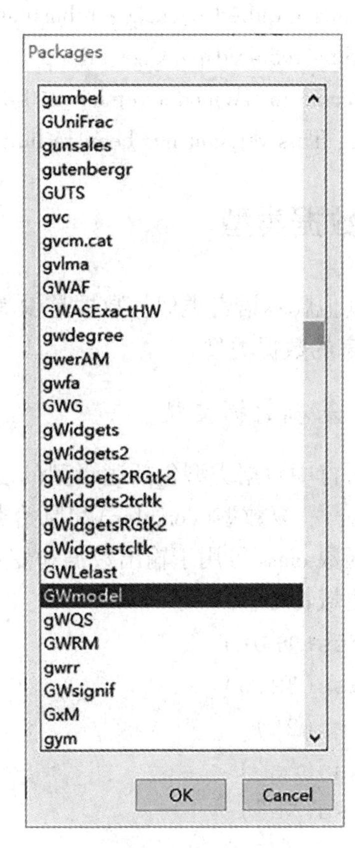

图 1-7　函数包列表

(3)压缩包文件安装

当设备未连网或函数包不在 CRAN 网站的情况下，一般只能通过压缩包文件安装对

① 部分函数包可能只能应用于特定版本的 **R** 软件，而也可能只针对不同操作系统下的 **R**，因此 CRAN 网站上能找到的函数包，如果未出现在当前 **R** 的列表中，表示其在当前版本 **R** 软件中不可使用。

应的函数包。如在 Windows 版本的 **R** 中，在下载对应的 zip 格式压缩文件之后，可通过单击菜单栏“程序包”→“从本地 zip 文件安装程序包”安装该函数包；而在 Mac OS 版本的 **R** 中，可通过选择“Install from”→“Package Archive File(.tgz；.tar；.gz)”进行安装。注意，如果函数包的安装有其他的必要关联(Dependencies)函数包，需要提前将所有 Dependencies 函数包安装完毕，再安装目标函数包。

在安装完成后，可通过 library 函数检查目标函数包是否安装成功，以 **GWmodel** 为例，输入以下命令：

```
library(GWmodel)
```

如果出现以下信息，则说明 **GWmodel** 安装成功：

Loading required package：maptools

Checking rgeos availability：TRUE

Loading required package：robustbase

Loading required package：Rcpp

Welcome to GWmodel version 2.0-4.0

Note：This verision has been re-built with RcppArmadillo to improve its performance.

1.2　数据类型

与其他脚本语言类似，数据是 **R** 软件进行计算分析处理的基础单元，本节将简要介绍 **R** 语言的数据类型。

1.2.1　基础数据类型

R 语言中数据类型包括逻辑型(logical)、数值型(numeric)、整数型(integer)、字符型(character)、复数型(complex)和原始类型(raw)，而前四种类型的变量是常用的基础数据类型。函数 class 可用于输出数据和变量类型，读者可用以下命令感受一下不同数据类型对应的值域特征：

```
class(TRUE)
class(32.6)
class(2L)
class(‘a’)
class(“a”)
class(3+2i)
class(charToRaw("a"))
```

1.2.2　结构体对象数据类型

在 **R** 语言使用过程中，详细了解结构体对象数据类型将对复杂编程有诸多帮助，见表 1-1。

表 1-1 **R 语言结构体对象数据类型**

类别	创建方式	元素访问	特点
向量(vector)	c()	V[index]	由同种类型数据构成的一维向量
列表(list)	list()	L[[index]]	由任意类型数据构成的一维结构体
二维矩阵(matrix)	matrix()	M[index1, index2]	由同种类型数据构成的二维矩阵
多维矩阵(array)	array()	A[index1, …, indexn]	由同种类型数据构成的多维矩阵
因子(factor)	factor()	F[index]	由同种类型数据构成的一维向量(无重复值)
表格数据(data. frame)	data. frame()	DF[index1, index2]	每一列由同种数据类型数据构成的二维表格式结构体

请尝试以下示例代码，掌握不同结构体对象数据类型的创建和元素访问操作，区分不同类型数据之间的区别与联系：

```
V<-c(1,2,7,3,6,8,1,2,9)
V
class(V)
length(V)
V[3]
L<-list(V)
class(L)
L[[1]][3]
V[3] <-'7'
V
M<-matrix(V, nrow=3)
M
M[3,1]
Fa<-factor(V)
Fa
class(Fa)
Fa[3]
DF<-data.frame(as.numeric(V), V)
DF
class(DF[,1])
class(DF[,2])
```

1.3　变量及运算符号

1.3.1　变量

类似于其他脚本编程语言，变量的使用是 **R** 语言编程过程中的最基本元素。一个有效的 **R** 语言中的变量可由字母(区分大小写)、数字和点或下画线字符组成，变量名称以字母开头或者点后面不带数字。注意，在变量名称中不要使用计算符号或者与一些特殊字符相同的名称(如 pi、F、T、c 等)。**R** 语言变量相关的常用函数和符号见表 1-2。

表 1-2　**R 语言变量相关的常用函数和符号**

函数或符号	作用描述
<-, ->, =	变量赋值符号
cat( ), print( )	变量输出函数
class( )	输出变量类型
ls( )	输出当前工作空间下所有变量名称

请在前文的基础上尝试以下示例代码，掌握变量相关的常用函数使用方法：

```
ls()
print(V)
cat("The 3rd element of variable V is: ", V[3], "\n")
c(1,2,3,4) ->V
cat("The 3rd element of variable V now is: ", V[3], "\n")
```

1.3.2　运算符号

在 **R** 语言中，运算符号主要包括算术运算符号、关系运算符号、逻辑运算符号和其他杂项符号，见表 1-3。

表 1-3　**R 语言运算符号**

符号类型	运算符号	作用描述
算术运算符号	+	加运算
	−	减运算
	*	乘运算
	/	除运算
	%%	取余运算
	%/%	整除运算
	^	幂运算

续表

<table>
<tr><th>符号类型</th><th>运算符号</th><th>作用描述</th></tr>
<tr><td rowspan="6">关系运算符号</td><td>></td><td>大于</td></tr>
<tr><td><</td><td>小于</td></tr>
<tr><td>>=</td><td>大于等于</td></tr>
<tr><td><=</td><td>小于等于</td></tr>
<tr><td>==</td><td>相等</td></tr>
<tr><td>!=</td><td>不等于</td></tr>
<tr><td rowspan="3">逻辑运算</td><td>&, &&</td><td>与运算</td></tr>
<tr><td>|, ||</td><td>或运算</td></tr>
<tr><td>!</td><td>非运算</td></tr>
<tr><td rowspan="3">其他符号</td><td>:</td><td>创建序列值</td></tr>
<tr><td>%in%</td><td>包含关系运算</td></tr>
<tr><td>%*%</td><td>矩阵乘法运算</td></tr>
</table>

运行以下示例代码，熟练掌握每一种运算符号的作用和效果：

```
2+3
2*3
2/3
2-3
2+3*4
2+(3*4)
2^2
2^0.5
v<-c(2,5.5,6)
s<-c(8,3,4)
v^s
v%%s
v%/%s
v<-c(2,5.5,6,9)
s<-c(8,2.5,14,9)
v>s
v<s
v>=s
v<=s
v==s
```

```
v! =s
(v>=s)&(v==s)
(v>s) |(v==s)
v<-1:5
5 %in% v
v*t(v)
v%*%t(v)
```

1.4　R 语言基础编程语法

针对 **R** 语言编程，本节将从判断体、循环体和函数这三个基础编程结构分别进行介绍。

1.4.1　判断体

在 **R** 语言编程中，判断体句法是基础语法之一，见表 1-4。注意，如果判断体中所执行的语句为单行，{}可缺省。

表 1-4　　**R 语言判断体语法**

判断体	语　法

if…	if(关系表达式) {
	#如果关系表达式为真(TRUE)，则执行本部分代码.
	}

if… else…	if(关系表达式) {
	#如果关系表达式为真(TRUE)，则执行本部分代码.
	} else {
	#如果关系表达式为假(FALSE)，则执行本部分代码.
	}

if… else… if… else	if(关系表达式 1) {
	#如果关系表达式 1 为真(TRUE)，则执行本部分代码.
	} else if(关系表达式 2) {
	#如果关系表达式 2 为真(TRUE)，则执行本部分代码.
	} else if(关系表达式 3) {
	#如果关系表达式 3 为真(TRUE)，则执行本部分代码.
	} else {
	#如果以上条件均为假(FALSE)，则执行本部分代码
	}

switch… case…	switch(expression, case1, case2, case3….)

运行以下示例代码，掌握判断体语法的使用：

```
x<-30L
```

```
if(is.integer(x)) {
  print("X is an Integer")
}
x<-c("what","is","truth")
if("Truth" %in% x) {
  print("Truth is found")
} else {
  print("Truth is not found")
}
if("Truth" %in% x) {
  print("Truth is found the first time")
} else if ("truth" %in% x) {
  print("truth is found the second time")
} else {
  print("No truth found")
}
x<-switch(
  3,
  "first",
  "second",
  "third",
  "fourth"
)
print(x)
```

1.4.2 循环体

在 **R** 语言编程中，循环体句法是需要掌握的另一基础语法，见表 1-5。注意，如果循环体中所执行的语句为单行，{}仍可缺省。

表 1-5 **R 语言循环体语法**

循环体	语　法

repeat 循环	repeat {
	　命令行
	　if(关系表达式) {
	　　break #关系表达式为真(TRUE)，终止循环
	　}
	}

续表

循环体	语　法

while 循环	while (关系表达式) {
	　#关系表达式为真(TRUE)，执行循环体代码
	}

for 循环	for (value in vector) {
	　#循环体代码
	}

运行以下示例代码，掌握循环体语法的使用：

```
v<-c("Hello","loop")
cnt<-2

repeat {
  print(v)
  cnt<-cnt+1

if(cnt > 5) {
break
}
}

v<-c("Hello","while loop")
cnt<-2

while (cnt < 7) {
  print(v)
  cnt = cnt + 1
}

v<-LETTERS[1:4]
for ( i in v) {
  print(i)
}
```

1.4.3　函数

函数是 **R** 语言编程过程中的关键单元，通过关键词 function 进行定义，见表 1-6。

表 1-6　　**R 语言函数定义语法**

function_name<- function(arg_1, arg_2, …) {
Function body
}

在 **R** 语言编程中编写、使用函数时需要注意以下几点：

①函数的返回值为函数体代码中的最后一个表达式的值。

②编写一个函数后，需要将函数添加到当前工作空间后才能使用(通过 source 函数载入代码文件或者将函数体输入到 **R** 控制台中)。

③**R** 基础软件中的函数，可直接调用，如 print、sum、seq 等；如果需要调用其他函数包中的函数，首先需要通过 library 或 require 函数载入函数包后才能使用。

④一般的基础函数或函数包中的函数均提供了详细的用户手册，可通过“ ? +函数名称”或“ ?? +函数名称”调出关于函数的使用说明，以供参考。

运行以下示例代码，学习创建、使用一个函数的方法：

```
new.function1<-function() {
for(i in 1:5) {
   print(i^2)
}
}
new.function1()

new.function2<-function(a,b,c) {
  result<-a * b + c
  print(result)
}
new.function2(5,3,11)
new.function2(a = 11, b = 5, c = 3)

new.function2<-function(a = 3, b = 6) {
  result<-a * b
  print(result)
}
new.function2()
new.function2(5)
new.function2(b=5)
```

1.5　章节练习与思考

本章介绍了 **R** 语言的相关准备、基础构成和语法。请读者通过实践和查阅相关资料，思考以下问题并完成下述编程任务（编程任务不能使用已有的阶乘、排列组合等相关函数）：

①在定义字符型数据时，单引号和双引号均可使用，试分析它们之间的区别。

②在 **R** 语言中，运算符号优先级顺序是什么？请列出它们的优先级顺序。

③分别采用两种不同的循环体实现以下两个函数：

a. 请采用 **R** 语言实现 n 的阶乘（$n!$）函数；

b. 在上述函数的基础上，实现排列组合 $A(n, m)$ 的计算函数。

④输入 $N(N \leqslant 26)$ 个字母组成的字符向量，输出（采用 print 或 cat 函数）由 $m(m \leqslant N)$ 个字母组成的所有可能词组，要求输出时按照字母顺序，例如输入为（'a'，'b'），则输出结果如图 1-8 所示。

```
a
ab
b
>
```

图 1-8　输出结果

第2章　R语言基础数据文件操作处理

本章将描述在 **R** 中如何创建、读取、存储和处理基础数据，熟悉一些基础的函数包，开启 **R** 数据处理的“梦幻之旅”。

2.1　章节 R 函数包准备

在开始本章学习之前，请安装和熟悉本节所介绍的 **R** 函数包。

2.1.1　readr 和 readxl

函数包 **readr** 和 **readxl** 是由 Hadley Wickham 和 RStudio 团队开发和维护的(https：//cran. r-project. org/package=readr，https：//cran. r-project. org/package=readxl)，这两种函数包提供了一些快速且友好的读取数据的方法。**readr** 函数包提供了一些常用的文本数据读取函数，**readxl** 可读取 Excel 电子表格数据等，而且其读取速度远远超过 **R** 软件的基础数据读写函数，适用于较大文件读取。

2.1.2　dplyr

函数包 **dplyr** 是由 Hadley Wickham 等人创建和维护的(https：//cran. r-project. org/package=dplyr)，它主要用于处理 **R** 内部或者外部的结构化数据，可用来加快数据处理进程，其中最有名的是数据探索和数据转换功能。主要包括以下5个数据处理指令：

①过滤：基于某一条件限制过滤数据；

②选择：选出数据集中的对应列；

③排列：支持对数据集中的某一个值域按照升序或降序排列；

④变换：从已有数据变量衍生新的变量；

⑤概括：通过 group_by 参数控制，提供常用的操作分析，如最小值、最大值、均值等。

2.1.3　tidyr

函数包 **tidyr** 是由 Hadley Wickham 等人创建和维护的(https：//cran. r-project. org/package=tidyr)，顾名思义，这个函数包可以让数据看上去“整洁”。它和 **dplyr** 函数包一起形成了一个实力强大的组合，能让用户在处理数据时得心应手。它主要用4个函数来完成这个任务，这4个函数分别是：

①gather：它把多列放在一起，然后转化为 key：value 对，这个函数会把宽格式的数

据转化为长格式，它是 **reshape**① 包中 melt( ) 函数的一个替代；

②spread：它的功能和 gather( ) 相反，把 key：value 对转化成不同的列；

③separate：把一列拆分为多列；

④unite：功能和 separate 相反，把多列合并为一列。

2.1.4　rlist

函数包 **rlist** 是由任坤创建和维护的(https：//cran. r-project. org/package= rlist)，它主要用来处理 list 对象中存储的非关系型数据，提供了映射、过滤、分组、排序、搜索等实用的数据处理功能函数。

2.1.5　lubridate

函数包 **lubridate** 是由 Hadley Wickham 等人创建和维护的(https：//cran. r-project. org/package=lubridate)，它极大地减少了在 **R** 中操作时间变量的麻烦。**lubridate** 的内置函数提供了很好的日期与时间解析方法。该包主要有两类函数，一类用于处理时点数据(time instants)，另一类则用于处理时段数据(time spans)。与 **R** 自带的时间数据处理函数相比，**lubridate** 极大地简化了处理时间数据的操作，速度也相应地有很大的提升。

2.1.6　magrittr

函数包 **magrittr** 是由 Stefan Milton Bache 和 Hadley Wickham 创建和维护的(https：//cran. r-project. org/package=magrittr)，它被定义为一个高效的管道操作工具包，通过管道连接方式，让数据或表达式的传递更高效。**magrittr** 包的主要目标有两个，第一是减少代码开发时间，提高代码的可读性和维护性；第二是极大地精简代码，用最少的代码完成工作。

请按照前述方式，安装上述介绍的函数包并检查是否成功：

```
install.packages("readr")
install.packages("readxl")
install.packages("dplyr")
install.packages("tidyr")
install.packages("rlist")
install.packages("lubridate")
install.packages("magrittr")
library(readr)
library(readxl)
library(dplyr)
library(tidyr)
library(rlist)
```

① 用于重组和聚合数据的 **R** 函数包，可参考网址：https：//cran. r-project. org/package= reshape.

```
library(lubridate)
library(magrittr)
```

2.2 基础数据读写

在正式进行数据处理之前，需要掌握如何使用 **R** 语言读写数据。在本节中，将介绍一种高效的数据读写方法。在本节开始之前，为了能够成功运行以下的示例代码，需要提前约定一个工作目录：E：\ R_course \ Chapter2①，并注意执行如下操作：

①请按照此工作目录建立对应的文件夹目录；

②将本章所提供的实验数据放到该文件夹下；

③执行下面空间数据对象写出代码时，所写出的数据文件也将自动存储到该文件夹目录下；

④执行以下代码：

```
require(readr)
require(readxl)
setwd("E:\\R_course\\Chapter2\\Data")
getwd()
```

当观察到 getwd( ) 函数的输出为指定的文件夹目录路径时，如图 2-1 所示，说明万事俱备，可以继续下面的练习。

```
> getwd()
[1] "E:/R_course/Chapter2/Data"
```

图 2-1　getwd( ) 函数返回结果

2.2.1　基础数据读入

函数包 **readr** 和 **readxl** 提供了一系列的数据读入功能，主要函数如下：

①read_delim(file, delim, quote, escape_backslash, escape_double, col_names, col_types, locale, na, quoted_na, quote, comment, trim_ws, skip, n_max, guess_max, progress)：读取数据，根据参数“delim”指定数据分隔符，将数据对象读入为 data. frame 对象；

②read_csv(file, col_names, col_types, locale, na, quoted_na, quote, comment, trim_ws, skip, n_max, guess_max, progress)：读取 csv(以逗号分割的文本文件)数据，将数据对象读入为 data. frame 对象；

③read_excel(path, sheet, range, col_names, col_types, na, trim_ws, skip, n_max, guess

---

① 此工作目录是为了之后代码顺利运行而约定的，如果用户需要指定其他目录作为工作目录，请在对应代码处修改工作目录路径输入值；如果用户正在使用 Mac OS 或 Linux 操作系统，请按照对应目录路径格式进行赋值，在此不再赘述。

_max)：读取 xls 或 xlsx 数据，将数据对象读入为 tibble① 对象。

函数中的参数定义见表 2-1。通过上述函数，函数包 **readr** 和 **readxl** 构建了多种格式数据的便捷读取方式，自动在 **R** 当前工作空间(workspace)中生成对应类型的 data. frame 或 tibble 对象。在读取数据时，如果出现解析错误，可以使用 problems()查看错误细节。

利用本章的示例数据，首先将实验数据移动到文件目录“E：\ R_course \ Chapter2 \ Data”下，以读取 csv 文件为例，执行如下代码，可观察到不同格式的数据文件读取为 **R** 数据对象的情形，图 2-2 为 csv 数据读入示例。

```
cp<-read_delim("comp.csv", ",")
cp.csv<-read_csv("comp.csv")
summary(cp.csv)
spec(cp.csv)
cp.xl<-read_excel("comp.xlsx")
summary(cp.xl)
```

```
     Date                X2                 Berril            Boyer              CSC
 Length:366         Length:366         Min.   :  32.0   Min.   :   0   Min.   :   0.0
 Class :character   Class1:hms         1st Qu.: 456.2   1st Qu.:  81   1st Qu.: 146.0
 Mode  :character   Class2:difftime    Median :2381.5   Median :1671   Median : 966.5
                    Mode  :numeric     Mean   :2701.1   Mean   :2015   Mean   :1354.4
                                       3rd Qu.:4764.0   3rd Qu.:3798   3rd Qu.:2298.2
                                       Max.   :7544.0   Max.   :6345   Max.   :5337.0
                                                                       NA's   :22
      Dame             Parc            PierDup           Rachel          Ren
 Min.   :   0.0   Min.   :   3.0   Min.   :   0.00   Min.   :   0   Min.   :   0
 1st Qu.:  74.5   1st Qu.: 281.5   1st Qu.:  16.75   1st Qu.:1744   1st Qu.: 162
 Median : 828.5   Median :1559.0   Median : 473.50   Median :3023   Median :1158
 Mean   :1039.6   Mean   :1713.5   Mean   :1003.68   Mean   :2617   Mean   :1381
 3rd Qu.:1947.8   3rd Qu.:3044.2   3rd Qu.:1888.00   3rd Qu.:3675   3rd Qu.:2484
 Max.   :3151.0   Max.   :5290.0   Max.   :4692.00   Max.   :5078   Max.   :7937
                                                     NA's   :169
     Urbain         University         Viger
 Min.   :   0.0   Min.   :   0.0   Min.   :  3.0
 1st Qu.: 211.5   1st Qu.: 286.2   1st Qu.: 58.0
 Median :1003.0   Median :1386.5   Median :209.0
 Mean   :1033.2   Mean   :1804.4   Mean   :278.2
 3rd Qu.:1762.2   3rd Qu.:3394.5   3rd Qu.:501.5
 Max.   :3458.0   Max.   :5201.0   Max.   :833.0
```

(a) cp. csv 数据对象概览

```
cols(
  Date = col_character(),
  X2 = col_time(format = ""),
  Berril = col_integer(),
  Boyer = col_integer(),
  CSC = col_integer(),
  Dame = col_integer(),
  Parc = col_integer(),
  PierDup = col_integer(),
  Rachel = col_integer(),
  Ren = col_integer(),
  Urbain = col_integer(),
  University = col_integer(),
  Viger = col_integer()
)
```

(b) cp. csv 列信息概览

图 2-2　csv 数据读入

① 一种高效的表格数据结构：https：//cran. r-project. org/package=tibble.

通过与 **R** 中的数据读入基础函数对比，可以发现函数包 **readr** 和 **readxl** 读入数据时速度有了极大的提高，如图 2-3 所示。

```
system.time(read_csv("data.csv"))
system.time(read.csv("data.csv"))
```

```
user  system elapsed
0.22    0.02    0.27
```

(a) **readr** 函数包 read_csv 读入速度

```
user  system elapsed
1.00    0.10    1.87
```

(b) **R** 自带函数 read. csv 读入速度

图 2-3 数据读入速度对比

表 2-1 **函数包 readr 和 readxl 中空间数据读取函数参数表**

参数	描述
file	字符串型或向量型参数；表示数据名称，可以为数据文件的路径、链接或者数据本身(至少包括一行数据)
delim	字符型参数；指定分隔符
escape_backslash	逻辑型参数；是否使用反斜杠转义特殊字符
escape_double	逻辑型参数；是否通过双写来转义引号；若为 TRUE,"""" 表示 ""
col_names	逻辑型或字符向量型参数；若为 TRUE，输入数据的第一行为列名；若为 FALSE，自动分配列名为 X1，X2，X3,... ；若为字符向量，则以该向量作为列名
col_types	NULL，col()指定参数或字符串型参数；若为 NULL，每一列的参数类型由前 1000 行的数据类型决定；若由 col()指定，每一列必须包含一个列类型指定字段；若为字符串类型，使用规定的字符表示数据类型(c = character，i = integer，n = number，d = double，...)
locale	字符串型参数；用于控制数据地区来源，便于因地制宜地编码
na	字符串型参数；用于处理缺失值
quoted_na	逻辑型参数；若为 TRUE，则把缺失值作为缺失值处理；否则当作字符串处理
quote	字符型参数用于引用字符串的单个字符
comment	字符串型参数；用于指定注释字符，位于注释字符后的字符都会被忽略
trim_ws	逻辑型参数；指定是否需要去除首尾空格
skip	整型参数；指定被跳过的行数
n_max	整型参数；指定读取的最大记录数
guess_max	整型参数；用于猜测列数据类型的最大记录数

续表

参数	描　　述
progress	逻辑型参数；指定是否显示进度条
path	字符串型参数；只针对 read_excel 函数，表示 xls/xlsx 文件路径
sheet	字符串型或整型参数；只针对 read_excel 函数，指定表名或者表的位置
range	字符串型参数；只针对 read_excel 函数，指定需要写入的数据的格子范围

2.2.2　基础数据写入

函数包 **readr** 提供数据读取功能的同时，也提供了对应的数据写入工具，即将 data. frame 对象重新写为 csv、xlsx、tsv 等格式的文件，相关函数如下，其中函数参数见表 2-2。

①write_delim（x，path，delim，na，append，col_names）：将 data. frame 对象写入文本文件函数；

②write _csv（x，path，na，append，col_names）：将 data. frame 对象写入 csv 文件函数；

③write_excel_csv（x，path，na，append，col_names）：将 data. frame 对象写入 excel 文件函数。

表 2-2　**函数包 readr 中空间数据写入函数参数表**

参数	描　　述
x	data. frame 对象
path	字符串型参数；表示读入的文件的路径
delim	字符型参数；只针对 write_delim 函数，表示数据分隔符
na	字符串型参数；用于处理缺失值
append	逻辑型参数；若为 FALSE，则覆盖已有文件；否则将数据添加到已有文件中。如果文件不存在，则新建
col_names	逻辑型参数；表示是否需要在文件头处读入列名

利用下面代码，可重新将上节中读入的 data. frame 数据对象写为新的数据文件：

```
df<-data.frame(x = c(1, NA, 2, 3, NA))
write_delim(df, "df.txt", na = " * ",delim=",")
write_csv(cp.csv,"comp_w.csv")
```

在当前的工作目录下，可以找到名称为 df. txt 和 comp_w. csv 的数据文件。

总的来说，函数包 **readr** 和 **readxl** 提供了非常高效的数据读取和写入工具函数，能更便捷地帮助我们处理数据。

2.3 基础数据文件存储

工作空间(workspace)是当前 **R** 的工作环境，它储存着用户定义的所有对象(向量、矩阵、函数、数据框、列表)。在一个 **R** 会话结束时，使用 save.image 函数，可以将当前工作空间保存到一个 .RData 的文件中，在下次启动 **R** 时可通过 load 函数载入该工作空间(.RData)。上述操作也可分别通过菜单栏中“文件”→“保存工作空间...”和“文件”→“加载工作空间...”按钮实现。总之，**R** 的每次会话结束时均可通过上述操作实现对所有对象的保存和获取。

上述操作每次均保存了所有的变量，当工作空间中涉及的数据体量较大时并不十分方便。而通过 save 函数可以将对应变量对象的数据存储在单独的文件(*.rda)中，同样可通过 load 函数载入已保存的对象文件(*.rda)。通过这个操作，可实现不同工作空间下的单个变量数据交互，而不需要每次将不同工作空间文件同时载入，这样也避免了因变量名称相同而造成的数据覆盖。

在每一次 **R** 会话结束时，系统都会自动提示“是否保存工作空间映像?”若选择“是”，则系统会同时保存“.RData”和“.Rhistory”两个文件，“.RData”文件为对应的工作空间文件，而“.Rhistory”文件为此次会话所输入的 R 命令历史记录。下次打开 R 时，若默认工作目录下包含“.RData”文件，则它会被自动载入到当前会话中。

R 的这种存储工作空间、数据对象以及历史命令的机制，为我们继续上一次的 **R** 操作带来了极大的便利。

输入以下代码体会如何在 **R** 中管理工作空间——存储相应的工作空间和历史记录文件:

```
history(5)
setwd("E:\\R_course\\Chapter2")
save.image(".RData")
savehistory(".Rhistory")
ls()
rm(x)
ls()
rm(list=ls())
ls()
load(".RData")
loadhistory(".Rhistory")
ls()
save(cp, y, file="objectlist.rda")
rm(list=ls())
ls()
load("objectlist.rda")
ls()
```

2.4　基础数据操作与处理

使用 **R** 做数据分析的一个完整过程先是包括数据的提取、数据的整理，之后才是使用“整齐”的数据来套用模型得出结论。本节将从基础数据提取开始，一一介绍使用 **R** 处理数据的基本操作。

2.4.1　基础数据提取

提取看起来简单，但是“条条大路通罗马”，存在多种不同的方式，总的来说可以分为三种方式：

①根据索引位置来提取；

②根据行列名来提取；

③使用逻辑值判断提取。

dplyr 提供了非常简单的数据提取函数 select 和 filter。以前面读取的 csv 数据 cp 为例，分别提取 cp 第二行第三列元素、‘Dame’列第二个元素，‘Dame’列，以“P”为首字母的列，以及‘Dame’列值为 0 的元素，如图 2-4 所示，参考代码如下：

```
> cp[2,3]
# A tibble: 1 x 1
    CSC
  <int>
1     0
```

(a)根据索引位置提取

```
> cp[2,'Dame']
# A tibble: 1 x 1
   Dame
  <int>
1     2
```

(b) 根据行列名提取

```
> select(cp,Dame)
# A tibble: 366 x 1
    Dame
   <int>
 1     1
 2     2
 3     0
 4     0
 5     2
 6    11
 7    13
 8    10
 9     0
10    12
# ... with 356 more rows
```

(c)select 函数提取(根据列名)

```
> select(cp,starts_with("P"))
# A tibble: 366 x 2
    Parc PierDup
   <int>   <int>
 1     5       1
 2    16       6
 3     6       1
 4    46       0
 5   110       5
 6   126       3
 7   164       5
 8   131       3
 9    42       8
10    55      10
# ... with 356 more rows
```

(d)select 函数提取(根据逻辑值判断)

```
> filter(cp,Dame==0)
# A tibble: 4 x 10
  Berri1 Boyer   CSC  Dame  Parc PierDup   Ren Urbain University Viger
   <int> <int> <int> <int> <int>   <int> <int>  <int>      <int> <int>
1     78     3     0     0     6       1    25     21         25     5
2    118     6     2     0    46       0    49      4        111    29
3    139     7    34     0    42       8    38     78        100    19
4    264     0    36     0   182       7    30      0        181    32
```

(e)filter 函数提取(根据逻辑值判断)

图 2-4　基础数据提取

```
cp[2,3]
cp[2,'Dame']
select(cp,Dame)
select(cp,starts_with("p"))
filter(cp,Dame==0)
```

对于非关系型数据来说，由于元组的字段数量并不一致，数据结构也不固定，如图2-5所示，所以无法使用 **dplyr** 函数包对其进行处理，因而需要额外调用 **rlist** 函数包。list. map 函数可以将数据映射到某一字段，list. filter 函数用于过滤属性值，提取结果如图2-6所示。参考代码如下：

```
List of 3
 $ p1:List of 4
  ..$ name     : chr "Ken"
  ..$ age      : num 24
  ..$ interest: chr [1:3] "reading" "music" "movies"
  ..$ lang     :List of 3
  .. ..$ r      : num 2
  .. ..$ csharp: num 4
  .. ..$ python: num 3
 $ p2:List of 4
  ..$ name     : chr "James"
  ..$ age      : num 25
  ..$ interest: chr [1:2] "sports" "music"
  ..$ lang     :List of 3
  .. ..$ r    : num 3
  .. ..$ java: num 2
  .. ..$ cpp : num 5
 $ p3:List of 4
  ..$ name     : chr "Penny"
  ..$ age      : num 24
  ..$ interest: chr [1:2] "movies" "reading"
  ..$ lang     :List of 3
  .. ..$ r      : num 1
  .. ..$ cpp    : num 4
  .. ..$ python: num 2
```

图2-5　非关系型数据

```
person<-
    list(
        p1=list(name="Ken",age=24,
          interest=c("reading","music","movies"),
          lang=list(r=2,csharp=4,python=3)),
        p2=list(name="James",age=25,
          interest=c("sports","music"),
          lang=list(r=3,java=2,cpp=5)),
        p3=list(name="Penny",age=24,
          interest=c("movies","reading"),
          lang=list(r=1,cpp=4,python=2)))
str(person)
```

```
list.map(person, age)
list.map(person, names(lang))
p.age25<-list.filter(person, age >= 25)
str(p.age25)
p.py3<-list.filter(person, lang $python >= 3)
str(p.py3)
```

```
> list.map(person, age)
$p1
[1] 24

$p2
[1] 25

$p3
[1] 24

> list.map(person, names(lang))
$p1
[1] "r"      "csharp" "python"

$p2
[1] "r"    "java" "cpp"

$p3
[1] "r"      "cpp"    "python"
```

(a)映射结果

```
> p.age25 <- list.filter(person, age >= 25)
> str(p.age25)
List of 1
 $ p2:List of 4
  ..$ name     : chr "James"
  ..$ age      : num 25
  ..$ interest: chr [1:2] "sports" "music"
  ..$ lang     :List of 3
  .. ..$ r   : num 3
  .. ..$ java: num 2
  .. ..$ cpp : num 5
> p.py3 <- list.filter(person, lang$python >= 3)
> str(p.py3)
List of 1
 $ p1:List of 4
  ..$ name     : chr "Ken"
  ..$ age      : num 24
  ..$ interest: chr [1:3] "reading" "music" "movies"
  ..$ lang     :List of 3
  .. ..$ r      : num 2
  .. ..$ csharp: num 4
  .. ..$ python: num 3
```

(b)过滤结果

图 2-6　非关系型数据提取

针对时间数据，可以引入 **lubridate** 函数包，使用 wday，mday，month，year 等函数提取时间数据，如图 2-7 所示。参考代码如下：

```
dateString<-c('20131113','120315','12/17/1996','09-01-01')
date <-parse_date_time(date,order = c('ymd','mdy','dmy','ymd'))
date
wday(date[1])
wday(date, label = TRUE)
month(date)
```

```
> date
[1] "2013-11-13 UTC" "2015-12-03 UTC" "1996-12-17 UTC" "2009-01-01 UTC" "2015-12-23 UTC"
[6] "2009-01-05 UTC" "2013-04-06 UTC"
> wday(date[1])
[1] 4
> wday(date, label = TRUE)
[1] 周三 周四 周二 周四 周三 周一 周六
Levels: 周日 < 周一 < 周二 < 周三 < 周四 < 周五 < 周六
> month(date)
[1] 11 12 12  1 12  1  4
```

图 2-7　时间数据提取

2.4.2　基础数据整理

dplyr 函数包中的 arrange 函数和 **rlist** 函数包中的 list-sort 函数可以对数据进行排序，desc 为倒序排列，即从大到小排列，如图 2-8、图 2-9 所示。参考代码如下：

```
arrange(cp, Dame)
arrange(cp, desc(Dame))
str(list.sort(person, age))
str(list.sort(person, desc(lang $r)))
```

```
# A tibble: 366 x 10
   Berri1 Boyer   CSC  Dame  Parc PierDup   Ren Urbain University Viger
    <int> <int> <int> <int> <int>   <int> <int>  <int>      <int> <int>
 1     78     3     0     0     6       1    25     21         25     5
 2    118     6     2     0    46       0    49      4        111    29
 3    139     7    34     0    42       8    38     78        100    19
 4    264     0    36     0   182       7    30      0        181    32
 5     32     0     0     1     5       1    12     38         14    11
 6    324     0    72     1   227       6   112      6        234    46
 7     68     0     0     2    16       6    16     67         30    14
 8    183     2     2     2   110       5    77     11        158    44
 9     89     4    12     2    18       4    16     53         58     7
10     94     0     1     2     3       3  7937      5         47     8
# ... with 356 more rows
```

(a)按 Dame 列升序排列

```
# A tibble: 366 x 10
   Berri1 Boyer   CSC  Dame  Parc PierDup   Ren Urbain University Viger
    <int> <int> <int> <int> <int>   <int> <int>  <int>      <int> <int>
 1   7002  5616  3193  3151  4345    1804  3520   2619       4752   743
 2   6957  6345  3473  3117  5290    2299  3748   2551       4816   759
 3   7189  5473  2857  3055  4038    3031  3662   2531       4895   833
 4   7168  5658  3317  3053  4314    2833  3757   3458       5155   720
 5   6561  5307  3159  3048  4152    2365  3643   2865       4784   579
 6   6643  5294  3293  3005  4327    1611  3419   2579       4729   712
 7   6361  5018  2583  3001  3776    3244  3584   2223       5080   718
 8   7544  5563  3226  2995  4447    1709  3543   2671       4661   700
 9   6782  5296  2818  2976  3938    3221  3508   1722       4782   720
10   6559  5079  2681  2950  3672    3238  3899   2040       4429   729
# ... with 356 more rows
```

(b)按 Dame 列倒序排列

图 2-8　基础数据排序

数据整理过程中有两个基本动作：

①收集：需要多列，并将它们聚合成键值对，它使“宽”数据更“长”；

②传播：需要两列并且传播到多列，它使“长”数据更“宽”。

使用函数包 **tidyr** 可以轻松实现上述功能，如图 2-10 所示。参考代码如下：

```
List of 3
 $ p1:List of 4
  ..$ name     : chr "Ken"
  ..$ age      : num 24
  ..$ interest: chr [1:3] "reading" "music" "movies"
  ..$ lang     :List of 3
  .. ..$ r      : num 2
  .. ..$ csharp: num 4
  .. ..$ python: num 3
 $ p3:List of 4
  ..$ name     : chr "Penny"
  ..$ age      : num 24
  ..$ interest: chr [1:2] "movies" "reading"
  ..$ lang     :List of 3
  .. ..$ r      : num 1
  .. ..$ cpp    : num 4
  .. ..$ python: num 2
 $ p2:List of 4
  ..$ name     : chr "James"
  ..$ age      : num 25
  ..$ interest: chr [1:2] "sports" "music"
  ..$ lang     :List of 3
  .. ..$ r    : num 3
  .. ..$ java: num 2
  .. ..$ cpp : num 5
```

(a)按 age 升序排列

```
List of 3
 $ p2:List of 4
  ..$ name     : chr "James"
  ..$ age      : num 25
  ..$ interest: chr [1:2] "sports" "music"
  ..$ lang     :List of 3
  .. ..$ r    : num 3
  .. ..$ java: num 2
  .. ..$ cpp : num 5
 $ p1:List of 4
  ..$ name     : chr "Ken"
  ..$ age      : num 24
  ..$ interest: chr [1:3] "reading" "music" "movies"
  ..$ lang     :List of 3
  .. ..$ r      : num 2
  .. ..$ csharp: num 4
  .. ..$ python: num 3
 $ p3:List of 4
  ..$ name     : chr "Penny"
  ..$ age      : num 24
  ..$ interest: chr [1:2] "movies" "reading"
  ..$ lang     :List of 3
  .. ..$ r      : num 1
  .. ..$ cpp    : num 4
  .. ..$ python: num 2
```

(b)按 lang 倒序排列

图 2-9　非关系型数据排序

```
widedata<-data.frame(person=c('Alex','Bob','Cathy'),grade=c(2,3,4),score=c(78,89,88),age=c(18,19,18))
widedata
longdata<-gather(widedata, variable, value,-person)
longdata
widedata2<-spread(longdata, variable, value)
widedata2
```

```
  person grade score age
1   Alex     2    78  18
2    Bob     3    89  19
3  Cathy     4    88  18
```

(a)宽数据

```
  person variable value
1   Alex    grade     2
2    Bob    grade     3
3  Cathy    grade     4
4   Alex    score    78
5    Bob    score    89
6  Cathy    score    88
7   Alex      age    18
8    Bob      age    19
9  Cathy      age    18
```

(b)长数据

图 2-10 收集、传播结果

函数包 **tidyr** 中的 unite 函数和 separate 函数可以实现数据的合并和拆分，如图 2-11 所示，参考代码如下：

```
wideunite<-unite(widedata, information, person, grade, score, age, sep= "-")
wideunite
widesep<- separate(wideunite, information,c("person","grade","score","age"), sep = "-")
widesep
```

```
      information
1    Alex-2-78-18
2     Bob-3-89-19
3   Cathy-4-88-18
```

(a)合并结果

```
  person grade score age
1   Alex     2    78  18
2    Bob     3    89  19
3  Cathy     4    88  18
```

(b) 拆分结果

图 2-11 合并、拆分结果

lubridate 函数包带有可操作数据时间间隔的函数，比如使用 int_overlaps 函数可判断两段时间是否有重叠，代码如下：

```
begin1<-ymd_hms("20150903,12:00:00")
end1<-ymd_hms("20160804,12:30:00")
begin2<-ymd_hms("20151203,12:00:00")
end2<-ymd_hms("20160904,12:30:00")
date_1<-interval(begin1, end1)
date_1
date_2<-interval(begin2, end2)
date_2
```

```
int_overlaps(date_1, date_2)
```

关于数据整理，还有很多非常实用的函数，限于篇幅，不再赘述，读者可以访问相应网站参考学习。

2.4.3 管道操作

在我们进行数据分析的过程中，逐步使用一串命令来完成任务是很常见的情况。但是，由于后调用的函数需要先写出来，所以写一组深层嵌套的函数既不直观又缺乏灵活性，如前一节中 unite 函数和 separate 函数的使用示例。对于这个问题的一种解决方法就是使用管道操作。

magrittr 函数包主要定义了 4 个管道操作符，分别是“%>%”，“%T>%”，“%$%”和“%<>%”。其中，操作符“%>%”是最常用的，其他 3 个操作符与“%>%”类似，在特殊的使用场景会起到更好的作用。

我们可以将 unite 函数和 separate 函数的使用示例代码重构为：

```
wideunite<-widedata %>% unite(information, person, grade, score,
age, sep= "-")
wideunite
widesep <- wideunite %>% separate(information, c("person","
grade","score","age"), sep = "-")
widesep
```

所以，“%>%”的作用在于把前面的内容放到后面函数中作为第一个参数。使用这个操作符的好处有：①使代码更加易读；②减少中间变量。

对比以下三种操作方式：

```
方式一:cp %>% select(starts_with("D")) %>% '*'(2) %>% unlist()
%>% matrix(nrow=2) %>% colMeans() %>% plot()
方式二:plot(colMeans(matrix(unlist(2 * select(cp,starts_with("
D"))), nrow=2)))
方式三:D<-select(cp,starts_with("D"))
       v<-unlist(D*2)
       m<-matrix(v,nrow=2)
       plot(colMeans(m))
```

可以看出，这三种方法实现的效果是相同的。通过方式一(即管道函数)从前往后读：拿到数据集，先提取首字母是 D 的列，乘 2，转化为向量，使用这个向量创建一个 2 行的矩阵，对矩阵每一列求均值，最后将结果绘制成图，我们很容易就能读懂代码，但是采用方式二的操作方法时，括号一层套一层，可读性明显下降。尽管方式三的操作可读性提高了一些(但还是没有从前往后读顺畅)，但是中间加了很多没有必要的变量，代码非常冗余。

所以，使用管道操作将大大提升工作效率。正确掌握这几个操作符，并试着去重构以前的代码，你会发现代码原来可以这么少。

2.5 章节练习与思考

本章是在 **R** 中处理操作基础数据的入门章节。在学习完本章知识后，请进行以下思考和练习：

①请使用管道操作重构本章 2.4 节中的代码。

②针对给出的 statistics. xlsx 数据，进行如下操作：

a. 将数据读取到 **R** 中；

b. 剔除无用、冗余的数据，仅保留行政区数据；

c. 补全缺失数据；

d. 分别按照一产、二产、三产和 GDP 数据对分区数据进行降序排序。

第3章　R语言空间数据处理

本章将描述在 **R** 中如何对基础的空间数据进行读取、存储和处理等操作，熟悉一些基础的函数包，开启属于你的 R-GIS“探索之旅”。

3.1　章节 R 函数包准备

在开始本章学习之前，请安装和熟悉本节所介绍的 **R** 函数包。

3.1.1　sp

函数包 **sp** 是由 Edzer Pebesma 等人开发和维护的(https：//cran. r-project. org/package=sp)，它提供了标准的空间对象类，用于处理、分析和可视化空间数据，同时为多个空间统计和分析的 **R** 函数包提供统一的空间数据接口和返回值约定。

历经十多年的发展，**sp** 函数包已成为了空间数据处理与分析的基础函数包，在它的基础上开发出了数以百计的 **R** 函数包，如图 3-1 所示。函数包 **sp** 提供了空间数据和 **R** 软件之间的标准数据接口，使得我们能够在 **R** 中便捷、有效地处理和分析空间数据。

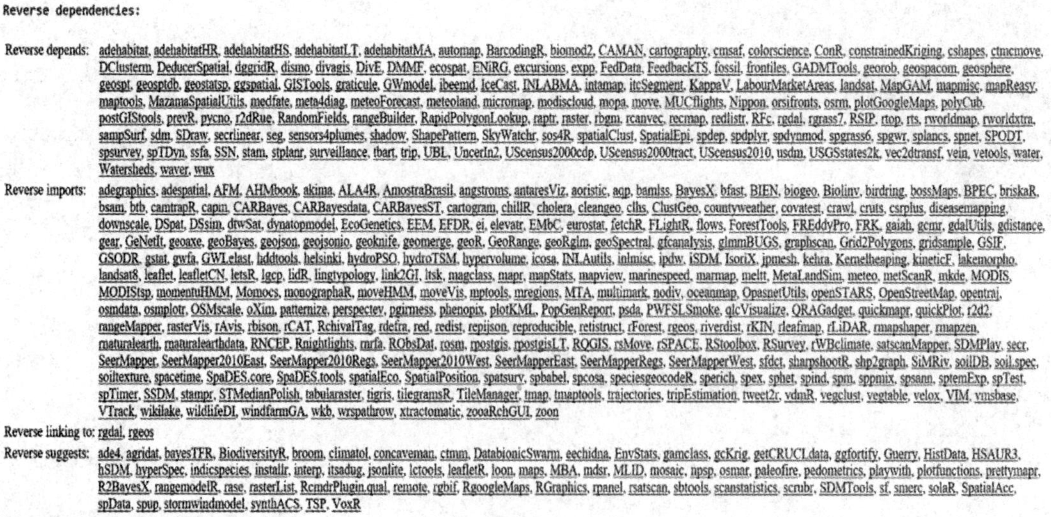

Reverse dependencies:

Reverse depends: adehabitat, adehabitatHR, adehabitatHS, adehabitatLT, adehabitatMA, automap, BarcodingR, biomod2, CAMAN, cartography, cmsaf, colorscience, ConR, constrainedKriging, cshapes, ctmcmove, DClusterm, DeducerSpatial, dggridR, dismo, divagis, DivE, DMMF, ecospat, ENiRG, excursions, expp, FedData, FeedbackTS, fossil, frontiles, GADMTools, georob, geospacom, geosphere, geospt, geosptdb, geostatsp, ggspatial, GISTools, graticule, GWmodel, ibeemd, IceCast, INLABMA, intamap, itcSegment, KappaV, LabourMarketAreas, landsat, MapGAM, mapmisc, mapReasy, maptools, MazamaSpatialUtils, medfate, meta4diag, meteoForecast, meteoland, micromap, modiscloud, mopa, move, MUCflights, Nippon, orsifronts, osrm, plotGoogleMaps, polyCub, postGIStools, prevR, pycno, r2dRue, RandomFields, rangeBuilder, RapidPolygonLookup, raptr, raster, rbgm, rcanvec, recmap, redlistr, RFc, rgdal, rgrass7, RSIP, rtop, rts, rworldmap, rworldxtra, sampSurf, sdm, SDraw, secrlinear, seg, sensors4plumes, shadow, ShapePattern, SkyWatchr, sos4R, spatialClust, SpatialEpi, spdep, spdplyr, spdynmod, spgrass6, spgwr, splancs, spnet, SPODT, spsurvey, spTDyn, ssfa, SSN, stam, stplanr, surveillance, tbart, trip, UBL, UncerIn2, UScensus2000cdp, UScensus2000tract, UScensus2010, usdm, USGSstates2k, vec2dtransf, vein, vetools, water, Watersheds, waver, wux

Reverse imports: adegraphics, adespatial, AFM, AHMbook, akima, ALA4R, AmostraBrasil, angstroms, antaresViz, aoristic, aqp, bamlss, BayesX, bfast, BIEN, biogeo, Bioliny, birdring, bossMaps, BPEC, briskaR, bsam, btb, camtrapR, capm, CARBayes, CARBayesdata, CARBayesST, cartogram, chillR, cholera, cleangeo, clhs, ClustGeo, countyweather, covatest, crawl, cruts, csrplus, diseasemapping, downscale, DSpat, DSsim, dtwSat, dynatopmodel, EcoGenetics, EEM, EFDR, ei, elevatr, EMbC, eurostat, fetchR, FLightR, flows, ForestTools, FREddyPro, FRK, gaiah, gcmr, gdalUtils, gdistance, gear, GeNetIt, geoaxe, geoBayes, geojson, geojsonio, geoknife, geomerge, geoR, GeoRange, geoRglm, geoSpectral, gfcanalysis, glmmBUGS, graphscan, Grid2Polygons, gridsample, GSIF, GSODR, gstat, gwfa, GWLelast, hddtools, helsinki, hydroPSO, hydroTSM, hypervolume, icosa, INLAutils, inlmisc, ipdw, iSDM, IsoriX, jpmesh, kehra, Kernelheaping, kineticF, lakemorpho, landsat8, leaflet, leafletCN, letsR, lgcp, lidR, lingtypology, link2GI, ltsk, magclass, mapr, mapStats, mapview, marinespeed, marmap, meltt, MetaLandSim, meteo, metScanR, mkde, MODIS, MODIStsp, momentuHMM, Momocs, monographaR, moveHMM, moveVis, mptools, mregions, MTA, multimark, nodiv, oceanmap, OpasnetUtils, openSTARS, OpenStreetMap, opentraj, osmdata, osmplotr, OSMscale, oXim, patternize, perspectev, pgirmess, phenopix, plotKML, PopGenReport, psda, PWFSLSmoke, qlcVisualize, QRAGadget, quickmapr, quickPlot, r2d2, rangeMapper, rasterVis, rAvis, rbison, rCAT, RchivalTag, rdefra, red, redist, repijson, reproducible, retistruct, rForest, rgeos, riverdist, rKIN, rleafmap, rLiDAR, rmapshaper, rmapzen, rnaturalearth, rnaturalearthdata, RNCEP, Rnightlights, rnrfa, RObsDat, rosm, rpostgis, rpostgisLT, RQGIS, rsMove, rSPACE, RStoolbox, RSurvey, rWBclimate, satscanMapper, SDMPlay, secr, SeerMapper, SeerMapper2010East, SeerMapper2010Regs, SeerMapper2010West, SeerMapperEast, SeerMapperRegs, SeerMapperWest, sfdct, sharpshootR, shp2graph, SiMRiv, soilDB, soil.spec, soiltexture, spacetime, SpaDES.core, SpaDES.tools, spatialEco, SpatialPosition, spatsurv, spbabel, spcosa, speciesgeocodeR, sperich, spex, sphet, spind, spm, sppmix, spsann, sptemExp, spTest, spTimer, SSDM, stampr, STMedianPolish, tabularaster, tigris, tilegramsR, TileManager, tmap, tmaptools, trajectories, tripEstimation, tweet2r, vdmR, vegclust, vegtable, velox, VIM, vmsbase, VTrack, wikilake, wildlifeDI, windfarmGA, wkb, wrspathrow, xtractomatic, zooaRchGUI, zoon

Reverse linking to: rgdal, rgeos

Reverse suggests: ade4, agridat, bayesTFR, BiodiversityR, broom, climatol, concaveman, ctmm, DatabionicSwarm, eechidna, EnvStats, gamclass, gcKrig, getCRUCLdata, ggfortify, Guerry, HistData, HSAUR3, hSDM, hyperSpec, indicspecies, installr, interp, itsadug, jsonlite, lctools, leafletR, loon, maps, MBA, mdsr, MLID, mosaic, npsp, osmar, paleofire, pedometrics, playwith, plotfunctions, prettymapr, R2BayesX, rangemodelR, rase, rasterList, RcmdrPlugin.qual, remote, rgbif, RgoogleMaps, RGraphics, rpanel, rsatscan, sbtools, scanstatistics, scrubr, SDMTools, sf, smerc, solaR, SpatialAcc, spData, spup, stormwindmodel, synthACS, TSP, VoxR

Reverse enhances: ggplot2, ggtern, GJRM, macleish, Rgnuplot

图 3-1　基于 **sp** 函数包所开发的空间数据处理与分析的 **R** 函数包

3.1.2　maptools

函数包 **maptools** 是由 Roger Bivand 等人开发和维护的(https：//cran. r-project. org/package=maptools)，它提供了空间数据导入、导出和处理的函数集合，特别针对 ESRI shapefile 的格式，提供了便捷的读写工具。将函数包 **maptools** 与 **sp** 配合使用，相得益彰，帮助用户在 **R** 中操作好空间数据。

3.1.3　rgdal

函数包 **rgdal** (https：//cran. r-project. org/package=rgdal)是开源 C++地理空间数据抽象库(Geospatial Data Abstraction Library，GDAL)在 **R** 中的集成函数工具包，它支持多种常见矢量和栅格格式的空间数据文件读取、处理和写入操作。虽然其相关功能不是本书介绍的重点，但是作为重要的延伸阅读部分，希望读者能够自行查阅相关资料对其进行深度了解和掌握。

3.1.4　rgeos

函数包 **rgeos** (https：//cran. r-project. org/package = rgeos)是基于开源几何引擎(Geometry Engine Open Source，GEOS)①所开发的函数工具包。它提供了丰富的空间矢量数据处理函数，包括常见的对象空间关系判断和矢量图层操作工作(如交、并、补操作)，本书将针对它进行相关的空间数据处理与操作的介绍与练习。

请按照前述方式，安装以上函数包并检查是否成功：

```
install.packages("sp")
install.packages("maptools")
install.packages("rgdal")
install.packages("rgeos")
library(sp)
library(maptools)
library(rgdal)
library(rgeos)
```

3.2　空间数据对象基本类型

在函数包 **sp** 中，定义了一个空间对象基础类 Spatial，由两个插槽构成(Slot)：

①bbox：定义了空间对象的二维边界矩形，即二维矩形中最大-最小 x-y 坐标；

②proj4string：定义坐标参考系(CRS)类的字符串(参数定义详见网址 http：//proj4. org)；

在 Spatial 类的基础上，分别扩展为点、线、面和栅格 4 种空间数据类型对应的

① 开源几何引擎的详细资料请参考网址：https：//trac. osgeo. org/geos/.

SpatialPoints、SpatialLines、SpatialPolygons 和 SpatialGrids 亚类。可通过以下代码查询其派生类的更多细节(图 3-2)：

```
library(sp)
getClass("Spatial")
```

```
Class "Spatial" [package "sp"]

Slots:

Name:         bbox proj4string
Class:      matrix         CRS

Known Subclasses:
Class "SpatialPoints", directly
Class "SpatialMultiPoints", directly
Class "SpatialGrid", directly
Class "SpatialLines", directly
Class "SpatialPolygons", directly
Class "SpatialPointsDataFrame", by class "SpatialPoints", distance 2
Class "SpatialPixels", by class "SpatialPoints", distance 2
Class "SpatialMultiPointsDataFrame", by class "SpatialMultiPoints", distance 2
Class "SpatialGridDataFrame", by class "SpatialGrid", distance 2
Class "SpatialLinesDataFrame", by class "SpatialLines", distance 2
Class "SpatialPixelsDataFrame", by class "SpatialPoints", distance 3
Class "SpatialPolygonsDataFrame", by class "SpatialPolygons", distance 2
```

图 3-2　基础类 Spatial 衍生类查询结果

在基础类 Spatial 中，通过参数 proj4string 对空间数据 CRS 的定义是制图和空间分析等操作过程中的核心。而如果不熟悉 CRS 类的字符串定义，准确定义空间数据对象的 CRS 并非易事。函数包 **rgdal** 中提供了欧洲石油调查组织(European Petroleum Survey Group，EPSG)定义的 5078 个 CRS 字符串列表。在确认 CRS 对应的 EPSG 列表中的 code 之后，可直接通过 CRS 函数调取。如下代码展示了查询国家 2000 坐标系，而后通过 CRS 函数调取，可用于参数 proj4string 的赋值。此外，函数包 **rgdal** 中提供了 showWKT 和 showP4 函数，可实现较为通用的空间坐标系名称与 proj4string 字符串之间的互查操作。

```
EPSG<-make_EPSG()
EPSG[grep("China Geodetic Coordinate System", EPSG $note), ]
CRS("+init=epsg:4490")
showWKT("+init=epsg:4490")
showP4(showWKT("+init=epsg:4490"))
```

3.2.1　点数据

如图 3-3 所示，通过对基础类 Spatial 增加用来存储和表示坐标或位置(coords)的插槽，衍生出亚类 SpatialPoints。而在空间数据的使用过程中，属性数据也是空间数据处理与分析的重要基础。通过对亚类 SpatialPoints 增加一个 data. frame 对象作为属性数据插槽，便派生出亚类 SpatialPointsDataFrame。它与我们所习惯的空间点数据格式(如 shapefile)较为类似，既包含空间数据部分，又包含属性数据部分。coords. nrs 插槽为逻辑指示符，TRUE 值表示当创建 SpatialPointsDataFrame 对象时空间点的坐标来自于属性数据 data. frame 对象。注意，属性数据 data. frame 对象的行数必须与 SpatialPoints 对象中的点数一致，且一一对应。

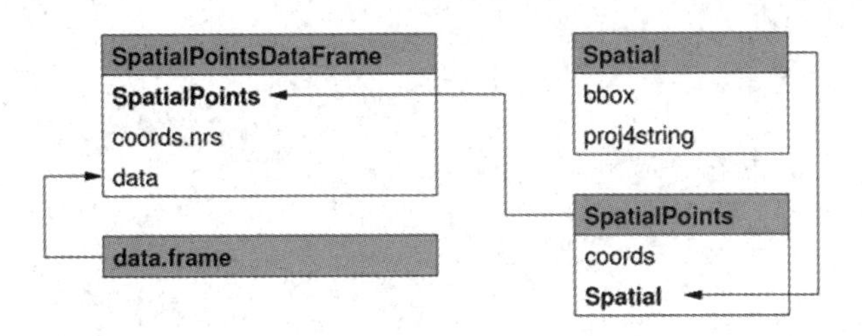

图 3-3　点数据类①

为了更好地理解点数据构成，请输入以下代码，采用不同方式制作一个空间点数据对象：

```
x= c(1,2,3,4,5)
y= c(3,2,5,1,4)
Spt<-SpatialPoints(cbind(x,y))
class(Spt)
plot(Spt)
Spt<-SpatialPoints(list(x,y))
class(Spt)
plot(Spt)
Spt<-SpatialPoints(data.frame(x,y))
class(Spt)
plot(Spt)
```

通过上述三种不同方式均可产生相同的 SpatialPoints 对象，如图 3-4 所示。

在上述代码的基础上，我们可以尝试制作一个 SpatialPointsDataFrame 对象，代码如下：

```
Spt.df<-SpatialPointsDataFrame(Spt, data=data.frame(x,y))
class(Spt.df)
str(Spt.df)
Spt.df@ data
```

通过查看 SpatialPointsDataFrame 对象的组成结构，如图 3-5 所示，并对比图 3-3，观

① 图 3-3、图 3-7、图 3-10 和图 3-13 源引于图书 Bivand, R. S., Pebesma, E. J., Gomez-Rubio, V. Applied Spatial Data Analysis with R, New York, Springer Science+Business Media, 2008, 第 35、40 和 52 页，并进行了部分编辑和修改，特此说明！

图 3-4　SpatialPoints 对象结果

察它的组成部分与取值方式，如代码中 Spt. df@ data 可直接输出 SpatialPointsDataFrame 对象的属性数据部分，如图 3-6 所示。根据这个示例，思考获取其他部分数据的方法，并检验不同部分的数据类型分别是什么。

```
Formal class 'SpatialPointsDataFrame' [package "sp"] with 5 slots
  ..@ data       :'data.frame': 5 obs. of  2 variables:
  .. ..$ x: num [1:5] 1 2 3 4 5
  .. ..$ y: num [1:5] 3 2 5 1 4
  ..@ coords.nrs : num(0)
  ..@ coords     : num [1:5, 1:2] 1 2 3 4 5 3 2 5 1 4
  .. ..- attr(*, "dimnames")=List of 2
  .. .. ..$ : NULL
  .. .. ..$ : chr [1:2] "x" "y"
  ..@ bbox       : num [1:2, 1:2] 1 1 5 5
  .. ..- attr(*, "dimnames")=List of 2
  .. .. ..$ : chr [1:2] "x" "y"
  .. .. ..$ : chr [1:2] "min" "max"
  ..@ proj4string:Formal class 'CRS' [package "sp"] with 1 slot
  .. .. ..@ projargs: chr NA
```

图 3-5　SpatialPointsDataFrame 对象的组成结构

3. 2. 2　线数据

在 **R** 中，基础类 Line 定义了线对象(实质上为折线)由一系列的二维坐标点(表示为两列的数值矩阵)顺次连接而成。而由若干个 Line 对象与标识符(ID)共同构成了线对象集合类 Lines。将 Spatial 对象与 Lines 对象结合在一起，便构成了空间线数据亚类 SpatialLines，如图 3-7 所示。类似地，添加了 data. frame 对象的属性数据后，构成了

```
> Spt.df@data
  x y
1 1 3
2 2 2
3 3 5
4 4 1
5 5 4
```

图 3-6　SpatialPointsDataFrame 对象属性数据输出

SpatialLinesDataFrame 类。同样，data. frame 对象的每一行必须与 Lines 对象中的 Line 对象一一对应。

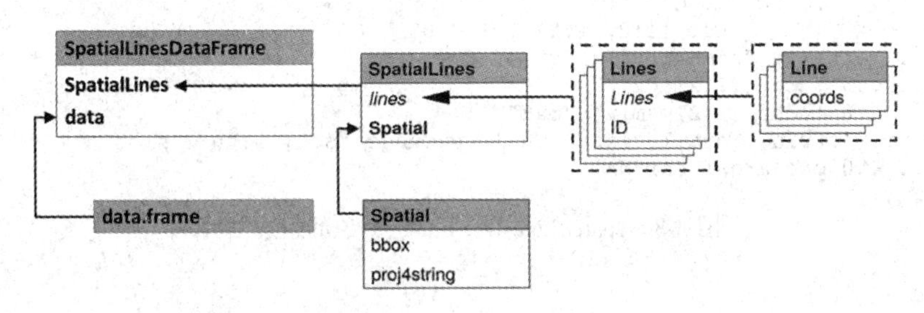

图 3-7　线数据类

为了更好地理解面数据构成，请输入以下代码，制作空间线数据对象：

```
l1<-cbind(c(1,2,3),c(3,2,2))
l1a<-cbind(l1[,1]+.05,l1[,2]+.05)
l2<-cbind(c(1,2,3),c(1,1.5,1))
Sl1<-Line(l1)
Sl1a<-Line(l1a)
Sl2<-Line(l2)
S1= Lines(list(Sl1, Sl1a), ID="a")
S2= Lines(list(Sl2), ID="b")
Sl= SpatialLines(list(S1,S2))
cols<-data.frame(c("red", "blue"))
Sl.df<-SpatialLinesDataFrame(Sl, cols, match.ID = F)
summary(Sl.df)
```

通过以下代码，可进一步了解 SpatialLinesDataFrame 对象的组成结构，结果如图 3-8 和图 3-9 所示：

```
str(Sl.df)
plot(Sl.df, col=c("red", "blue"))
```

```
Formal class 'SpatialLinesDataFrame' [package "sp"] with 4 slots
  ..@ data       :'data.frame': 2 obs. of  1 variable:
  .. ..$ c..red....blue..: Factor w/ 2 levels "blue","red": 2 1
  ..@ lines      :List of 2
  .. ..$ :Formal class 'Lines' [package "sp"] with 2 slots
  .. .. .. ..@ Lines:List of 2
  .. .. .. .. ..$ :Formal class 'Line' [package "sp"] with 1 slot
  .. .. .. .. .. .. ..@ coords: num [1:3, 1:2] 1 2 3 3 2 2
  .. .. .. .. ..$ :Formal class 'Line' [package "sp"] with 1 slot
  .. .. .. .. .. .. ..@ coords: num [1:3, 1:2] 1.05 2.05 3.05 3.05 2.05 2.05
  .. .. .. ..@ ID   : chr "a"
  .. ..$ :Formal class 'Lines' [package "sp"] with 2 slots
  .. .. .. ..@ Lines:List of 1
  .. .. .. .. ..$ :Formal class 'Line' [package "sp"] with 1 slot
  .. .. .. .. .. .. ..@ coords: num [1:3, 1:2] 1 2 3 1 1.5 1
  .. .. .. ..@ ID   : chr "b"
  ..@ bbox       : num [1:2, 1:2] 1 1 3.05 3.05
  .. ..- attr(*, "dimnames")=List of 2
  .. .. ..$ : chr [1:2] "x" "y"
  .. .. ..$ : chr [1:2] "min" "max"
  ..@ proj4string:Formal class 'CRS' [package "sp"] with 1 slot
  .. .. ..@ projargs: chr NA
```

图 3-8　SpatialLinesDataFrame 对象的组成结构

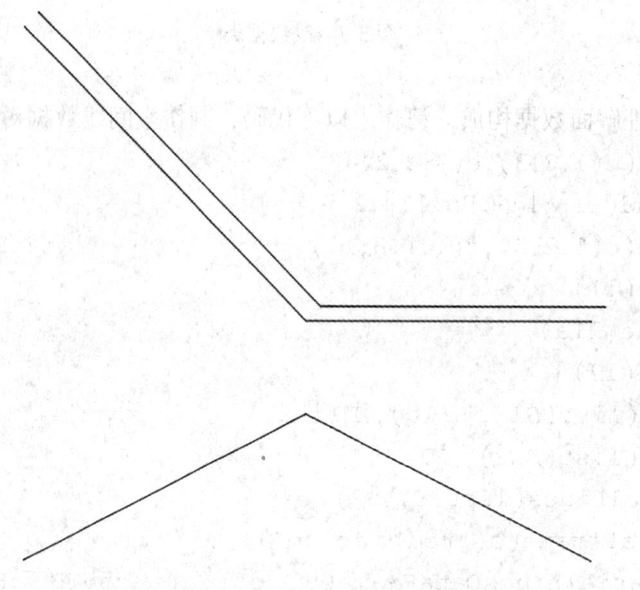

图 3-9　SpatialLinesDataFrame 对象结果

3.2.3　面数据

与空间线数据对象类似，在 **R** 中可定义表达空间面（多边形）数据的亚类 SpatialPolygons 和 SpatialPolygonsDataFrame 对象，如图 3-10 所示。而面状多边形数据与线数据的本质区别在于，多边形对象是由闭合折线构成的，即在多边形对象的两列坐标序列矩阵中，起始点和终点的坐标是相同的。对比图 3-7 中线数据对象类的定义，针对面数据的插槽结构定义：

①labpt：标签点位置，多为多边形对象的质心，针对复杂多边形对象时为面积最大的构成多边形的标签点位置；

②area：多边形面积；

③hole：多边形对象中是否包含空洞的逻辑标识符；

④ringDir：多边形对象坐标的方向；

⑤plotOrder：多边形对象的绘制顺序。

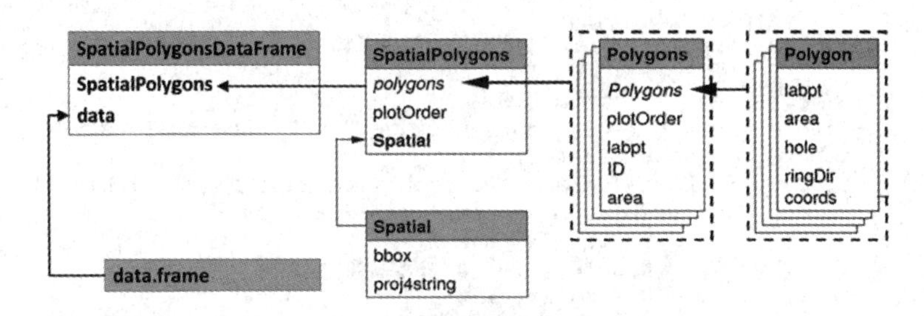

图 3-10　面数据类

为了更好地理解面数据构成，请输入以下代码，制作面数据对象：

```
Poly1 = Polygon(cbind(c(2,4,4,1,2), c(2,3,5,4,2)))
Poly2 = Polygon(cbind(c(5,4,2,5), c(2,3,2,2)))
Poly3 = Polygon(cbind(c(4,4,5,10,4), c(5,3,2,5,5)))
Poly4 = Polygon(cbind(c(5,6,6,5,5), c(4,4,3,3,4)), hole = TRUE)
Polys1 = Polygons(list(Poly1), "s1")
Polys2 = Polygons(list(Poly2), "s2")
Polys3 = Polygons(list(Poly3, Poly4), "s3/4")
SPoly = SpatialPolygons(list(Polys1,Polys2,Polys3), 1:3)
SPoly.df<-SpatialPolygonsDataFrame(SPoly,
data.frame(coordinates(SPoly)), match.ID = F)
```

通过以下代码，可进一步了解 SpatialPolygonsDataFrame 对象的组成结构，结果如图 3-11和图 3-12 所示：

```
str(SPoly.df)
plot(SPoly.df, col = 1:3, pbg = "white")
```

3.2.4　栅格数据

栅格数据是与点、线、面矢量数据对应的另一基础空间数据类型，在函数包 **sp** 中被定义为 SpatialGrids 和 SpatialPixels 亚类，如图 3-13 所示。首先，从图 3-2“‘SpatialPixels’, by class ‘SpatialPoints’, distance2(SpatialPixels 派生于 SpatialPoints 类)”中可以看出，栅格数据类的定义与 SpatialPoints 对象相关性非常强。而栅格数据对象类 SpatialGrids 和

```
Formal class 'SpatialPolygonsDataFrame' [package "sp"] with 5 slots
  ..@ data       :'data.frame': 3 obs. of  2 variables:
  .. ..$ X1: num [1:3] 2.7 3.67 6.13
  .. ..$ X2: num [1:3] 3.55 2.33 3.93
  ..@ polygons   :List of 3
  .. ..$ :Formal class 'Polygons' [package "sp"] with 5 slots
  .. .. .. ..@ Polygons :List of 1
  .. .. .. .. ..$ :Formal class 'Polygon' [package "sp"] with 5 slots
  .. .. .. .. .. .. ..@ labpt  : num [1:2] 2.7 3.55
  .. .. .. .. .. .. ..@ area   : num 5.5
  .. .. .. .. .. .. ..@ hole   : logi FALSE
  .. .. .. .. .. .. ..@ ringDir: int 1
  .. .. .. .. .. .. ..@ coords : num [1:5, 1:2] 2 1 4 4 2 2 4 5 3 2
  .. .. .. ..@ plotOrder: int 1
  .. .. .. ..@ labpt    : num [1:2] 2.7 3.55
  .. .. .. ..@ ID       : chr "s1"
  .. .. .. ..@ area     : num 5.5
  .. ..$ :Formal class 'Polygons' [package "sp"] with 5 slots
  .. .. .. ..@ Polygons :List of 1
  .. .. .. .. ..$ :Formal class 'Polygon' [package "sp"] with 5 slots
  .. .. .. .. .. .. ..@ labpt  : num [1:2] 3.67 2.33
  .. .. .. .. .. .. ..@ area   : num 1.5
  .. .. .. .. .. .. ..@ hole   : logi FALSE
  .. .. .. .. .. .. ..@ ringDir: int 1
  .. .. .. .. .. .. ..@ coords : num [1:4, 1:2] 5 2 4 5 2 2 3 2
  .. .. .. ..@ plotOrder: int 1
  .. .. .. ..@ labpt    : num [1:2] 3.67 2.33
  .. .. .. ..@ ID       : chr "s2"
  .. .. .. ..@ area     : num 1.5
  .. ..$ :Formal class 'Polygons' [package "sp"] with 5 slots
  .. .. .. ..@ Polygons :List of 2
  .. .. .. .. ..$ :Formal class 'Polygon' [package "sp"] with 5 slots
  .. .. .. .. .. .. ..@ labpt  : num [1:2] 6.13 3.93
  .. .. .. .. .. .. ..@ area   : num 10
  .. .. .. .. .. .. ..@ hole   : logi FALSE
  .. .. .. .. .. .. ..@ ringDir: int 1
  .. .. .. .. .. .. ..@ coords : num [1:5, 1:2] 4 10 5 4 4 5 5 2 3 5
  .. .. .. .. ..$ :Formal class 'Polygon' [package "sp"] with 5 slots
  .. .. .. .. .. .. ..@ labpt  : num [1:2] 5.5 3.5
  .. .. .. .. .. .. ..@ area   : num 1
  .. .. .. .. .. .. ..@ hole   : logi TRUE
  .. .. .. .. .. .. ..@ ringDir: int -1
  .. .. .. .. .. .. ..@ coords : num [1:5, 1:2] 5 5 6 6 5 4 3 3 4 4
  .. .. .. ..@ plotOrder: int [1:2] 1 2
  .. .. .. ..@ labpt    : num [1:2] 6.13 3.93
  .. .. .. ..@ ID       : chr "s3/4"
  .. .. .. ..@ area     : num 10
  ..@ plotOrder  : int [1:3] 1 2 3
  ..@ bbox       : num [1:2, 1:2] 1 2 10 5
  .. ..- attr(*, "dimnames")=List of 2
  .. .. ..$ : chr [1:2] "x" "y"
  .. .. ..$ : chr [1:2] "min" "max"
  ..@ proj4string:Formal class 'CRS' [package "sp"] with 1 slot
  .. .. ..@ projargs: chr NA
```

图 3-11　SpatialPolygonsDataFrame 对象的组成结构

SpatialPixels 与 SpatialPoints 对象构成实质区别之处，在于 SpatialGrids 利用了 GridTopology 对象定义任意维度下的规则格网单元。GridTopology 主要包含以下 3 个插槽：

①cellcentre. offset：单元格中心坐标；

②cellsize：每个维度下单元格大小；

③cells. dim：每个维度下单元格数量。

图 3-12 SpatialPolygonsDataFrame 对象结果

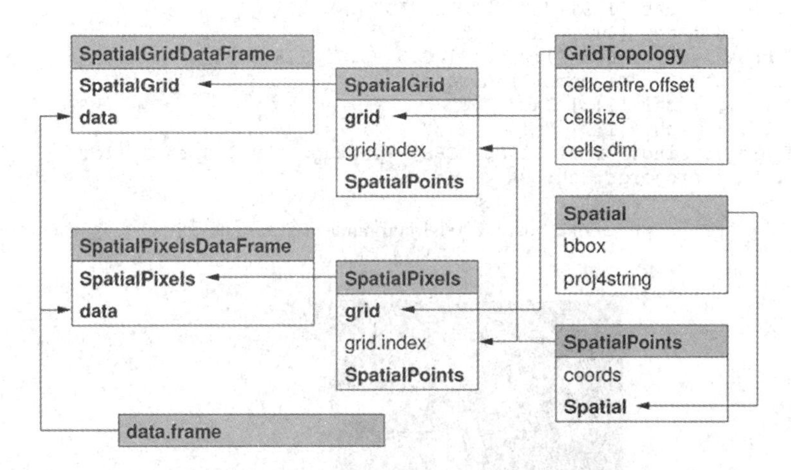

图 3-13 栅格数据类

请通过以下代码体会 SpatialPixelsDataFrame 类栅格数据的构造与使用，SpatialPixelsDataFrame 对象的组成结构如图 3-14 所示。而针对 SpatialPixelsDataFrame 对象中的单元进行属性验证(如值为“NA”时的效果)，代码如下，结果验证如图 3-15 所示：

```
sp.df = data.frame(z = c(1:6,NA,8,9),
              xc = c(1,1,1,2,2,2,3,3,3),
              yc = c(rep(c(0, 1.5, 3),3)))
coordinates(sp.df) <- ~xc+yc
gridded(sp.df) <-TRUE
str(sp.df)
image(sp.df["z"])
cc = coordinates(sp.df)
z=sp.df[["z"]]
```

```
zc=as.character(z)
zc[is.na(zc)]="NA"
text(cc[,1], cc[,2], zc)
```

```
Formal class 'SpatialPixelsDataFrame' [package "sp"] with 7 slots
  ..@ data       :'data.frame': 9 obs. of  1 variable:
  .. ..$ z: num [1:9] 1 2 3 4 5 6 NA 8 9
  ..@ coords.nrs : num(0)
  ..@ grid       :Formal class 'GridTopology' [package "sp"] with 3 slots
  .. .. ..@ cellcentre.offset: Named num [1:2] 1 0
  .. .. .. ..- attr(*, "names")= chr [1:2] "xc" "yc"
  .. .. ..@ cellsize         : Named num [1:2] 1 1.5
  .. .. .. ..- attr(*, "names")= chr [1:2] "xc" "yc"
  .. .. ..@ cells.dim        : Named int [1:2] 3 3
  .. .. .. ..- attr(*, "names")= chr [1:2] "xc" "yc"
  ..@ grid.index : int [1:9] 7 4 1 8 5 2 9 6 3
  ..@ coords     : num [1:9, 1:2] 1 1 1 2 2 2 3 3 3 0 ...
  .. ..- attr(*, "dimnames")=List of 2
  .. .. ..$ : chr [1:9] "1" "2" "3" "4" ...
  .. .. ..$ : chr [1:2] "xc" "yc"
  ..@ bbox       : num [1:2, 1:2] 0.5 -0.75 3.5 3.75
  .. ..- attr(*, "dimnames")=List of 2
  .. .. ..$ : chr [1:2] "xc" "yc"
  .. .. ..$ : chr [1:2] "min" "max"
  ..@ proj4string:Formal class 'CRS' [package "sp"] with 1 slot
  .. .. ..@ projargs: chr NA
```

图3-14 SpatialPixelsDataFrame对象的组成结构

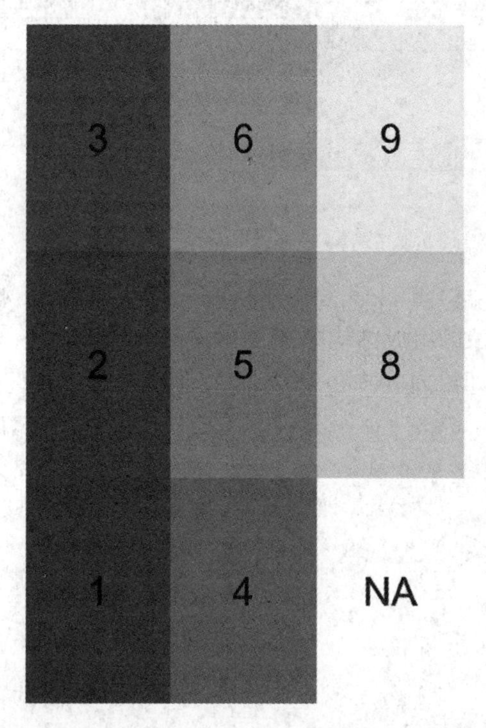

图3-15 SpatialPixelsDataFrame对象及属性验证结果

通过以下代码，可进一步了解 SpatialGridsDataFrame 对象，代码如下，对象结构和结果分别如图 3-16 和图 3-17 所示：

```
grd<-GridTopology(c(1,1), c(1,1), c(10,10))
sg.df<-SpatialGridDataFrame(grid = grd, data =
data.frame(coordinates(grd)))
str(sg.df)
plot(sg.df)
text(coordinates(sg.df), labels=row.names(sg.df))
```

```
Formal class 'SpatialGridDataFrame' [package "sp"] with 4 slots
  ..@ data       :'data.frame': 100 obs. of  2 variables:
  .. ..$ s1: num [1:100] 1 2 3 4 5 6 7 8 9 10 ...
  .. ..$ s2: num [1:100] 10 10 10 10 10 10 10 10 10 10 ...
  ..@ grid       :Formal class 'GridTopology' [package "sp"] with 3 slots
  .. .. ..@ cellcentre.offset: num [1:2] 1 1
  .. .. ..@ cellsize         : num [1:2] 1 1
  .. .. ..@ cells.dim        : int [1:2] 10 10
  ..@ bbox       : num [1:2, 1:2] 0.5 0.5 10.5 10.5
  .. ..- attr(*, "dimnames")=List of 2
  .. .. ..$ : NULL
  .. .. ..$ : chr [1:2] "min" "max"
  ..@ proj4string:Formal class 'CRS' [package "sp"] with 1 slot
  .. .. ..@ projargs: chr NA
```

图 3-16　SpatialGridsDataFrame 对象的组成结构

1	2	3	4	5	6	7	8	9	10
11	12	13	14	15	16	17	18	19	20
21	22	23	24	25	26	27	28	29	30
31	32	33	34	35	36	37	38	39	40
41	42	43	44	45	46	47	48	49	50
51	52	53	54	55	56	57	58	59	60
61	62	63	64	65	66	67	68	69	70
71	72	73	74	75	76	77	78	79	80
81	82	83	84	85	86	87	88	89	90
91	92	93	94	95	96	97	98	99	100

图 3-17　SpatialGridsDataFrame 对象结果

3.3　空间数据的导入、导出

在使用 **R** 进行空间数据处理时，空间数据及对象的导入、导出是需要解决的首要问题。在本节中，将重点介绍空间数据的导入、导出方法，以便建立空间数据文件到 **R** 中空间数据对象的便捷途径。在本节开始之前，为了能够成功运行以下示例代码，同样需要约定一个工作目录：E：\ R_course \ Chapter3 \ Data①，注意或执行如下操作：

①请按照此工作目录建立对应的文件夹目录；

②将本章所提供的实验数据放到该文件夹下；

③执行后文中空间数据对象导出代码时，所导出的数据文件也将自动存储到该文件夹目录下；

④执行以下代码：

```
require(maptools)
setwd("E:\\R_course\\Chapter3\\Data")
getwd()
```

当观察到 getwd 函数的输出为指定的文件夹目录路径时(如图 3-18 所示)，说明万事俱备，可以继续后面的练习。

```
> getwd()
[1] "E:/R_course/Chapter3/Data"
```

图 3-18　getwd 函数返回结果

3.3.1　空间数据导入

函数包 **maptools** 提供了一系列的空间数据导入功能，特别是 ESRI 的 shapefile 格式，主要函数如下：

①readShapePoints (fn, proj4string, verbose, repair)：读取点数据，将数据对象导入为 SpatialPointsDataFrame 对象；

②readShapeLines (fn, proj4string, verbose, repair, delete_null_obj)：读取线数据，将数据对象导入为 SpatialLinesDataFrame 对象；

③readShapePoly(fn, IDvar, proj4string, verbose, repair, force_ring, delete_null_obj, retrieve_ABS_null)：读取多边形数据，将数据对象导入为 SpatialPolygonsDataFrame 对象；

④readShapeSpatial(fn, proj4string, verbose, repair, IDvar, force_ring, delete_null_obj, retrieve_ABS_null)：读取空间数据的通用函数，将对应类型的空间数据导入对应的 Spatial * DataFrame 对象。

函数中的参数定义见表 3-1。通过上述函数，函数包 **maptools** 构建了 ESRI shapefile 格式数据的便捷读取方式，自动在 **R** 当前工作空间(workspace)中生成对应类型的 Spatial * DataFrame 对象。

---

①　此工作目录是作者为了之后代码顺利运行而约定的，如果需要指定其他目录作为工作目录，请在对应代码处修改工作目录路径输入值；如果正在使用 Mac OS 或 Linux 操作系统，请按照对应目录路径格式进行赋值，在此不再赘述。

利用本章的示例数据，首先将 LNHP(点数据)、LNNT(线数据)和 LondonBorough(面数据)移动到文件目录“E：\ R_course \ Chapter3 \ Data”下，然后执行下文代码，可观察到点数据、线数据和面数据读取为 **R** 数据对象的情形，如图 3-19、图 3-20 和图 3-21 所示。同时，打开 ArcGIS 或类似 GIS 工具软件，将这三个数据导入到系统中，对比 Spatial * DataFrame 对象与原始空间数据的区别与联系，体会空间数据在 **R** 中的存储特征。

```
Object of class SpatialPointsDataFrame
Coordinates:
              min    max
coords.x1 505300 556300
coords.x2 157700 199700
Is projected: TRUE
proj4string :
[+init=epsg:27700 +proj=tmerc +lat_0=49 +lon_0=-2 +k=0.9996012717 +x_0=400000 +y_0=-100000 +datum=OSGB36 +units=m
+no_defs +ellps=airy +towgs84=446.448,-125.157,542.060,0.1502,0.2470,0.8421,-20.4894]
Number of points: 1601
Data attributes:
    PURCHASE          FLOORSZ          TYPEDETCH          TPSEMIDTCH        TYPETRRD          TYPEBNGLW           TYPEFLAT
 Min.   : 41000   Min.   : 25.00   Min.   :0.00000   Min.   :0.0000   Min.   :0.0000   Min.   :0.00000   Min.   :0.0000
 1st Qu.: 93500   1st Qu.: 62.00   1st Qu.:0.00000   1st Qu.:0.0000   1st Qu.:0.0000   1st Qu.:0.00000   1st Qu.:0.0000
 Median :124000   Median : 80.00   Median :0.00000   Median :0.0000   Median :0.0000   Median :0.00000   Median :1.0000
 Mean   :137850   Mean   : 83.52   Mean   :0.02936   Mean   :0.1487   Mean   :0.2979   Mean   :0.01124   Mean   :0.5172
 3rd Qu.:160000   3rd Qu.: 98.00   3rd Qu.:0.00000   3rd Qu.:0.0000   3rd Qu.:1.0000   3rd Qu.:0.00000   3rd Qu.:1.0000
 Max.   :675000   Max.   :277.00   Max.   :1.00000   Max.   :1.0000   Max.   :1.0000   Max.   :1.00000   Max.   :1.0000
    BLDPWW1         BLDPOSTW          BLD60S             BLD70S             BLD80S             BLD90S             BATH2
 Min.   :0.000   Min.   :0.0000   Min.   :0.00000   Min.   :0.00000   Min.   :0.00000   Min.   :0.00000   Min.   :0.00000
 1st Qu.:0.000   1st Qu.:0.0000   1st Qu.:0.00000   1st Qu.:0.00000   1st Qu.:0.00000   1st Qu.:0.00000   1st Qu.:0.00000
 Median :0.000   Median :0.0000   Median :0.00000   Median :0.00000   Median :0.00000   Median :0.00000   Median :0.00000
 Mean   :0.406   Mean   :0.0737   Mean   :0.06683   Mean   :0.06371   Mean   :0.08057   Mean   :0.03498   Mean   :0.05434
 3rd Qu.:1.000   3rd Qu.:0.0000   3rd Qu.:0.00000   3rd Qu.:0.00000   3rd Qu.:0.00000   3rd Qu.:0.00000   3rd Qu.:0.00000
 Max.   :1.000   Max.   :1.0000   Max.   :1.00000   Max.   :1.00000   Max.   :1.00000   Max.   :1.00000   Max.   :1.00000
     BEDS2           GARAGE1          CENTHEAT          UNEMPLOY           PROF            BLDINTW             X
 Min.   :0.0000   Min.   :0.0000   Min.   :0.0000   Min.   : 2.196   Min.   :16.53   Min.   :0.0000   Min.   :505300
 1st Qu.:1.0000   1st Qu.:0.0000   1st Qu.:1.0000   1st Qu.: 3.849   1st Qu.:30.58   1st Qu.:0.0000   1st Qu.:524200
 Median :1.0000   Median :0.0000   Median :1.0000   Median : 5.404   Median :37.13   Median :0.0000   Median :531900
 Mean   :0.7664   Mean   :0.1999   Mean   :0.9069   Mean   : 5.878   Mean   :38.46   Mean   :0.2742   Mean   :531095
 3rd Qu.:1.0000   3rd Qu.:0.0000   3rd Qu.:1.0000   3rd Qu.: 7.364   3rd Qu.:45.71   3rd Qu.:1.0000   3rd Qu.:538900
 Max.   :1.0000   Max.   :1.0000   Max.   :1.0000   Max.   :14.998   Max.   :71.25   Max.   :1.0000   Max.   :556300
       Y             coords_x1         coords_x2         coords_x1_        coords_x2_
 Min.   :157700   Min.   :505300   Min.   :157700   Min.   :505300   Min.   :157700
 1st Qu.:171000   1st Qu.:524200   1st Qu.:171000   1st Qu.:524200   1st Qu.:171000
 Median :178000   Median :531900   Median :178000   Median :531900   Median :178000
 Mean   :178795   Mean   :531095   Mean   :178795   Mean   :531095   Mean   :178795
 3rd Qu.:186900   3rd Qu.:538900   3rd Qu.:186900   3rd Qu.:538900   3rd Qu.:186900
 Max.   :199700   Max.   :556300   Max.   :199700   Max.   :556300   Max.   :199700
```

(a) LNHP 空间数据对象概览

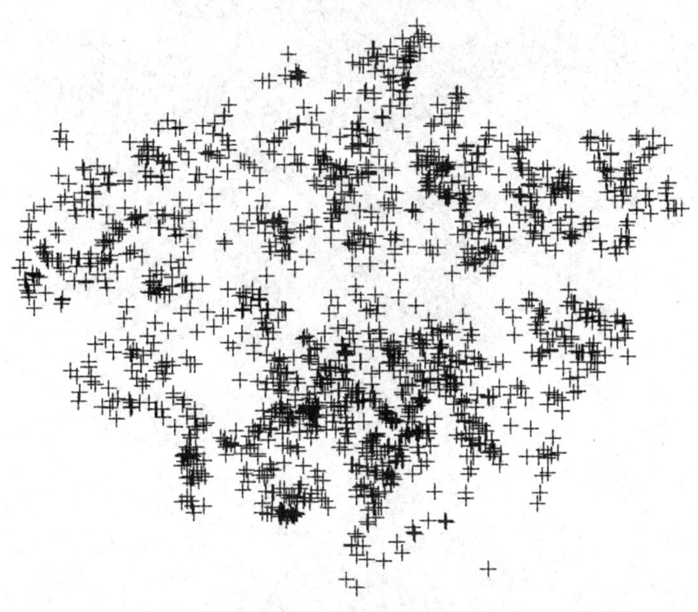

(b) LNHP 空间数据可视化

图 3-19　空间点数据导入

```
Object of class SpatialLinesDataFrame
Coordinates:
       min      max
x 503487.5 562036.7
y 155753.6 200900.0
Is projected: TRUE
proj4string :
[+init=epsg:27700 +proj=tmerc +lat_0=49 +lon_0=-2 +k=0.9996012717 +x_0=400000 +y_0=-100000 +datum=OSGB36 +units=m
+no_defs +ellps=airy +towgs84=446.448,-125.157,542.060,0.1502,0.2470,0.8421,-20.4894]
Data attributes:
     SL_ID           cat             CODE                 OSODR              NUMBER              ROAD_NAME            METRES
 0       :    1  Min.   :    1  Min.    :3000  013PWHWD6YNTV:    5  A23     :   354  HIGH STREET :   466  Min.   :   1.0
 1       :    1  1st Qu.:20102  1st Qu.:3004  0167Q0HW2Y3TW:    5  A205    :   328  LONDON ROAD :   376  1st Qu.:  62.0
 10      :    1  Median :44998  Median :3004  0167UXGWF62TW:    5  A4      :   318  HIGH ROAD   :   348  Median :  99.0
 100     :    1  Mean   :45473  Mean    :3003  013PVU3D6MRTV:    4  A112    :   314  CHURCH ROAD :   270  Mean   : 134.6
 1000    :    1  3rd Qu.:69568  3rd Qu.:3004  013PY0CWAHXTV:    4  A3      :   282  STATION ROAD:   238  3rd Qu.: 174.0
 10000   :    1  Max.   :94418  Max.    :3004  013Q177WD34AV:    4  (Other):22154  (Other)     :94531  Max.   :4619.0
 (Other):97794                                 (Other)      :97773  NA's   :74050  NA's        : 1571
 INDICATOR    RoadType
 Y    :   40  a :18282
 NA's:97760   b : 5337
              Mi:74050
              Mo:  131
```

(a) LNNT 空间数据对象概览

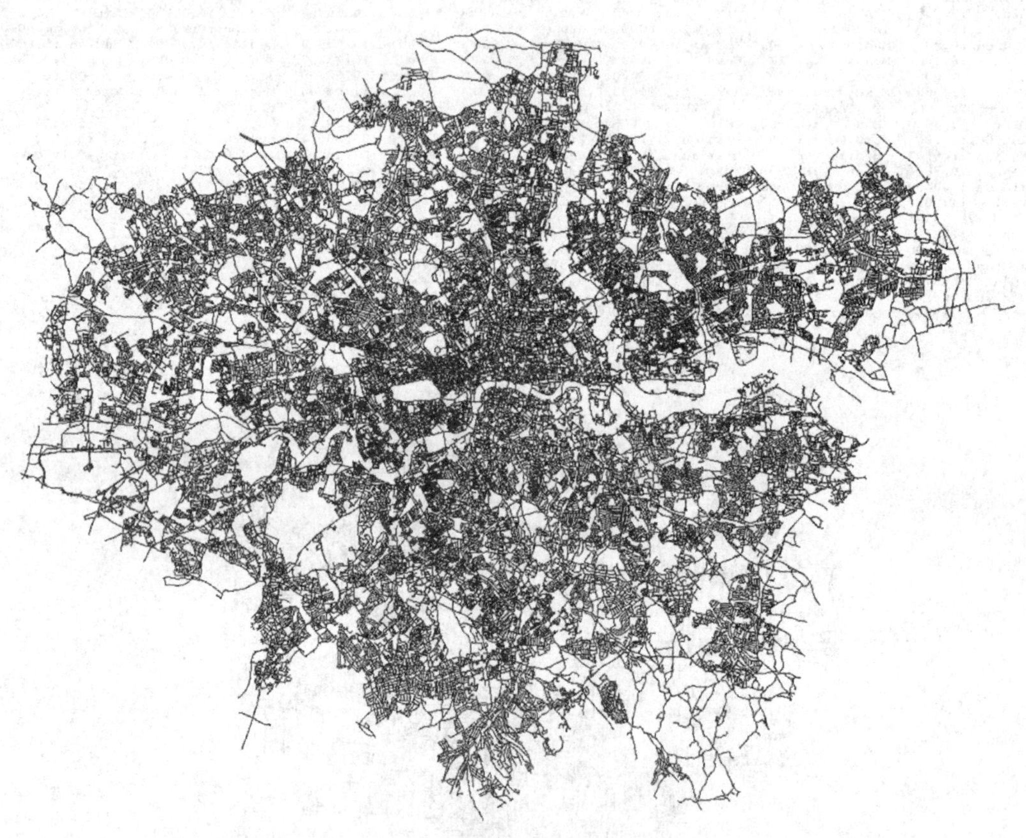

(b) LNNT 空间数据可视化

图 3-20　空间线数据导入

```
Object of class SpatialPolygonsDataFrame
Coordinates:
       min      max
x 503568.2 561957.5
y 155850.8 200933.9
Is projected: TRUE
proj4string :
[+init=epsg:27700 +proj=tmerc +lat_0=49 +lon_0=-2 +k=0.9996012717 +x_0=400000 +y_0=-100000 +datum=OSGB36 +units=m
+no_defs +ellps=airy +towgs84=446.448,-125.157,542.060,0.1502,0.2470,0.8421,-20.4894]
Data attributes:
                   NAME     AREA_CODE            DESCRIPTIO                       FILE_NAME          NUMBER            NUMBER0
 Barking and Dagenham: 1   DIS: 1     District           : 1   BUCKINGHAMSHIRE_COUNTY   : 1   Min.   :  3.00   Min.   :  44.0
 Barnet              : 1   LBO:33     London Borough     :33   GREATER_LONDON_AUTHORITY:33   1st Qu.: 22.00   1st Qu.: 905.5
 Bexley              : 1   UTA: 1     Unitary Authority: 1   THURROCK_(B)             : 1   Median : 46.00   Median :1100.0
 Brent               : 1                                                                   Mean   : 60.34   Mean   :1063.6
 Bromley             : 1                                                                   3rd Qu.: 74.00   3rd Qu.:1281.0
 Camden              : 1                                                                   Max.   :556.00   Max.   :1459.0
 (Other)             :29
  POLYGON_ID        UNIT_ID           CODE         HECTARES            AREA          TYPE_CODE              DESCRIPT0
 Min.   : 50448   Min.   :10759   00AA    : 1   Min.   :  314.9   Min.   :   0.0   AA:35     CIVIL ADMINISTRATION AREA:35
 1st Qu.: 50653   1st Qu.:10975   00AB    : 1   1st Qu.: 2842.4   1st Qu.:   0.0
 Median : 50891   Median :11199   00AC    : 1   Median : 3880.8   Median :   2.3
 Mean   : 60321   Mean   :11960   00AD    : 1   Mean   : 5486.5   Mean   : 120.7
 3rd Qu.: 51298   3rd Qu.:11384   00AE    : 1   3rd Qu.: 6152.3   3rd Qu.: 100.4
 Max.   :122401   Max.   :38866   00AF    : 1   Max.   :18431.8   Max.   :2094.4
                                  (Other):29
 TYPE_COD0                     B_Name
 NA's:35    Barking and Dagenham: 1
            Barnet              : 1
            Bexley              : 1
            Brent               : 1
            Bromley             : 1
            Camden              : 1
            (Other)             :29
```

（a）LondonBorough 空间数据对象概览

（b）LondonBorough 空间数据可视化

图 3-21　空间面数据导入

```
    LNHP<-readShapePoints("LNHP", verbose=T, proj4string =
CRS("+init=epsg:27700"))
    summary(LNHP)
    plot(LNHP)
    LNNT<-readShapeLines("LNNT", verbose=T, proj4string =
CRS("+init=epsg:27700"))
    summary(LNNT)
    plot(LNNT)
    LN.bou<-readShapePoly("LondonBorough", verbose=T, proj4string =
CRS("+init=epsg:27700"))
    summary(LN.bou)
    plot(LN.bou)
```

表 3-1　　**函数包 maptools 中空间数据读取函数参数表**

参数	描　述
fn	字符串型参数；表示 ESRI shapefile 格式数据名称(无扩展名)
proj4string	字符串型参数；有效的坐标参考系 CRS 类字符串
verbose	逻辑型参数；若为 TRUE，则会自动返回 shapefile 格式数据类型和对象数量
repair	逻辑型参数；若为 TRUE，则会修复 *.shx 文件中的数值
IDvar	字符串型参数；只针对 readShapePoly 函数，表示 *.dbf 文件中代表对象 ID 的列名称
force_ring	逻辑型参数；只针对 readShapePoly 函数，若为 TRUE，则针对非闭合的多边形进行强制闭合操作
delete_null_obj	逻辑型参数；若为 TRUE，则自动移除为空的几何对象和属性表(DataFrame)中的对应行
retrieve_ABS_null	逻辑型参数；若为 TRUE，并且 delete_null_obj 同时为 TRUE，则所有为空的几何对象替换为 ABS

3.3.2　空间数据导出

函数包 **maptools** 提供空间数据导入功能的同时，也提供了对应的空间数据导出工具，即将 Spatial * DataFrame 对象重新写为 ESRI shapefile 格式的文件，相关函数如下，其中函数参数见表 3-2。

①writePointsShape(x, fn, factor2char, max_nchar)：SpatialPointsDataFrame 对象写入 shapefile 文件函数；

②writeLinesShape(x, fn, factor2char, max_nchar)：SpatialLinesDataFrame 对象写入

shapefile 文件函数；

③writePolyShape(x, fn, factor2char, max_nchar)：SpatialPolygonsDataFrame 对象数据写入 shapefile 文件函数。

表 3-2　　　　函数包 **maptools** 中空间数据写入函数参数表

参数	描　述
x	Spatial * DataFrame 对象
factor2char	逻辑型参数；若为 TRUE，则在写入的 shapefile 格式数据中将所有 factor 类型的列强制转化为 character 类型
max_nchar	在写入属性数据的过程中，所允许的字符串最大长度

利用 3.3.1 节中导入的空间数据对象，利用以下代码重新将 Spatial * DataFrame 对象写为新的 ESRI shapefile 文件：

```
writePointsShape(LNHP, fn="LNHP_w")
writeLinesShape(LNNT, fn="LNNT_w")
writePolygonsShape(LN.bou, fn="LondonBorough_w")
```

在当前的工作目录下，可以找到名称分别为 LNHP_w、LNNT_w 和 LondonBorough_w 的数据文件。但是仔细观察这三个数据文件之后，会发现生成的空间数据文件缺少空间参考文件(*.prj)。因此，在写入空间数据之后，需要对数据文件进行重新赋值空间坐标参考系信息。

总的来说，函数包 **maptools** 提供了 ESRI shapefile 文件与 **R** Spatial * DataFrame 对象之间的便捷导入、导出工具，实现了 **R** 与 GIS 工具软件之间的无缝链接。

3.3.3　其他导入、导出方式

针对其他格式的矢量和栅格数据，用户可以使用函数包 **rgdal**（https://cran.r-project.org/package=rgdal）中的 readOGR 和 writeOGR 函数，用来读取和写入更多格式的矢量和栅格数据。

此外，**RQGIS**（https://CRAN.R-project.org/package=RQGIS）和 **rgrass7**(https://cran.r-project.org/package=rgrass7)提供了 **R** 与 QGIS 和 GRASS 软件的接口函数和交互界面，使读者能够非常便捷地使用这两个软件中所提供的空间数据导入、导出和处理分析的工具函数。

针对上述相关操作，读者可作为延伸阅读部分进行了解与掌握，在此不进行详述。

3.4　空间数据操作与处理

本节将介绍基础的空间数据处理操作，包括属性数据处理及常用空间操作算子等操作。

3.4.1　属性数据操作

在 **R** 中，Spatial * DataFrame 对象存储的空间数据分为空间和属性两个部分。如果需要对属性数据部分进行增加、删除列、关联等操作，可通过 Spatial * DataFrame 对象中的 data 数据槽(slot)进行便捷地操作。

以 3.3 节中的 LNHP 空间数据为例，通过输出其属性列概览信息，可观察到其属性列中存在两列重复的坐标信息“coords_x1_”和“coords_x2_”，如图 3-22 所示。

```
class(LNHP@ data)
summary(LNHP@ data)
```

```
   PURCHASE         FLOORSZ          TYPEDETCH          TPSEMIDTCH          TYPETRRD          TYPEBNGLW           TYPEFLAT           BLDPWW1
Min.   : 41000   Min.   : 25.00   Min.   :0.00000   Min.   :0.0000   Min.   :0.0000   Min.   :0.00000   Min.   :0.0000   Min.   :0.000
1st Qu.: 93500   1st Qu.: 62.00   1st Qu.:0.00000   1st Qu.:0.0000   1st Qu.:0.0000   1st Qu.:0.00000   1st Qu.:0.0000   1st Qu.:0.000
Median :124000   Median : 80.00   Median :0.00000   Median :0.0000   Median :0.0000   Median :0.00000   Median :1.0000   Median :0.000
Mean   :137850   Mean   : 83.52   Mean   :0.02936   Mean   :0.1487   Mean   :0.2979   Mean   :0.01124   Mean   :0.5172   Mean   :0.406
3rd Qu.:160000   3rd Qu.: 98.00   3rd Qu.:0.00000   3rd Qu.:0.0000   3rd Qu.:1.0000   3rd Qu.:0.00000   3rd Qu.:1.0000   3rd Qu.:1.000
Max.   :675000   Max.   :277.00   Max.   :1.00000   Max.   :1.0000   Max.   :1.0000   Max.   :1.00000   Max.   :1.0000   Max.   :1.000
   BLDPOSTW          BLD60S            BLD70S             BLD80S             BLD90S             BATH2              BEDS2            GARAGE1
Min.   :0.0000   Min.   :0.00000   Min.   :0.00000   Min.   :0.00000   Min.   :0.00000   Min.   :0.00000   Min.   :0.0000   Min.   :0.0000
1st Qu.:0.0000   1st Qu.:0.00000   1st Qu.:0.00000   1st Qu.:0.00000   1st Qu.:0.00000   1st Qu.:0.00000   1st Qu.:1.0000   1st Qu.:0.0000
Median :0.0000   Median :0.00000   Median :0.00000   Median :0.00000   Median :0.00000   Median :0.00000   Median :1.0000   Median :0.0000
Mean   :0.0737   Mean   :0.06683   Mean   :0.06371   Mean   :0.08057   Mean   :0.03498   Mean   :0.05434   Mean   :0.7664   Mean   :0.1999
3rd Qu.:0.0000   3rd Qu.:0.00000   3rd Qu.:0.00000   3rd Qu.:0.00000   3rd Qu.:0.00000   3rd Qu.:0.00000   3rd Qu.:1.0000   3rd Qu.:0.0000
Max.   :1.0000   Max.   :1.00000   Max.   :1.00000   Max.   :1.00000   Max.   :1.00000   Max.   :1.00000   Max.   :1.0000   Max.   :1.0000
   CENTHEAT         UNEMPLOY           PROF            BLDINTW              X                 Y              coords_x1         coords_x2
Min.   :0.0000   Min.   : 2.196   Min.   :16.53   Min.   :0.0000   Min.   :505300   Min.   :157700   Min.   :505300   Min.   :157700
1st Qu.:1.0000   1st Qu.: 3.849   1st Qu.:30.58   1st Qu.:0.0000   1st Qu.:524200   1st Qu.:171000   1st Qu.:524200   1st Qu.:171000
Median :1.0000   Median : 5.404   Median :37.13   Median :0.0000   Median :531900   Median :178000   Median :531900   Median :178000
Mean   :0.9069   Mean   : 5.878   Mean   :38.46   Mean   :0.2742   Mean   :531095   Mean   :178795   Mean   :531095   Mean   :178795
3rd Qu.:1.0000   3rd Qu.: 7.364   3rd Qu.:45.71   3rd Qu.:1.0000   3rd Qu.:538900   3rd Qu.:186900   3rd Qu.:538900   3rd Qu.:186900
Max.   :1.0000   Max.   :14.998   Max.   :71.25   Max.   :1.0000   Max.   :556300   Max.   :199700   Max.   :556300   Max.   :199700
  coords_x1        coords_x2
Min.   :505300   Min.   :157700
1st Qu.:524200   1st Qu.:171000
Median :531900   Median :178000
Mean   :531095   Mean   :178795
3rd Qu.:538900   3rd Qu.:186900
Max.   :556300   Max.   :199700
```

图 3-22　LNHP 属性数据概览

通过以下简单的代码，将多出的两列坐标进行去除操作，效果如图 3-23 所示：

```
new.df<-LNHP@ data
new.df $coords_x1_ <-NULL
new.df $coords_x2_ <-NULL
LNHP@ data<-new.df
summary(LNHP@ data)
```

```
   PURCHASE         FLOORSZ          TYPEDETCH          TPSEMIDTCH          TYPETRRD          TYPEBNGLW           TYPEFLAT           BLDPWW1
Min.   : 41000   Min.   : 25.00   Min.   :0.00000   Min.   :0.0000   Min.   :0.0000   Min.   :0.00000   Min.   :0.0000   Min.   :0.000
1st Qu.: 93500   1st Qu.: 62.00   1st Qu.:0.00000   1st Qu.:0.0000   1st Qu.:0.0000   1st Qu.:0.00000   1st Qu.:0.0000   1st Qu.:0.000
Median :124000   Median : 80.00   Median :0.00000   Median :0.0000   Median :0.0000   Median :0.00000   Median :1.0000   Median :0.000
Mean   :137850   Mean   : 83.52   Mean   :0.02936   Mean   :0.1487   Mean   :0.2979   Mean   :0.01124   Mean   :0.5172   Mean   :0.406
3rd Qu.:160000   3rd Qu.: 98.00   3rd Qu.:0.00000   3rd Qu.:0.0000   3rd Qu.:1.0000   3rd Qu.:0.00000   3rd Qu.:1.0000   3rd Qu.:1.000
Max.   :675000   Max.   :277.00   Max.   :1.00000   Max.   :1.0000   Max.   :1.0000   Max.   :1.00000   Max.   :1.0000   Max.   :1.000
   BLDPOSTW          BLD60S            BLD70S             BLD80S             BLD90S             BATH2              BEDS2            GARAGE1
Min.   :0.0000   Min.   :0.00000   Min.   :0.00000   Min.   :0.00000   Min.   :0.00000   Min.   :0.00000   Min.   :0.0000   Min.   :0.0000
1st Qu.:0.0000   1st Qu.:0.00000   1st Qu.:0.00000   1st Qu.:0.00000   1st Qu.:0.00000   1st Qu.:0.00000   1st Qu.:1.0000   1st Qu.:0.0000
Median :0.0000   Median :0.00000   Median :0.00000   Median :0.00000   Median :0.00000   Median :0.00000   Median :1.0000   Median :0.0000
Mean   :0.0737   Mean   :0.06683   Mean   :0.06371   Mean   :0.08057   Mean   :0.03498   Mean   :0.05434   Mean   :0.7664   Mean   :0.1999
3rd Qu.:0.0000   3rd Qu.:0.00000   3rd Qu.:0.00000   3rd Qu.:0.00000   3rd Qu.:0.00000   3rd Qu.:0.00000   3rd Qu.:1.0000   3rd Qu.:0.0000
Max.   :1.0000   Max.   :1.00000   Max.   :1.00000   Max.   :1.00000   Max.   :1.00000   Max.   :1.00000   Max.   :1.0000   Max.   :1.0000
   CENTHEAT         UNEMPLOY           PROF            BLDINTW              X                 Y              coords_x1         coords_x2
Min.   :0.0000   Min.   : 2.196   Min.   :16.53   Min.   :0.0000   Min.   :505300   Min.   :157700   Min.   :505300   Min.   :157700
1st Qu.:1.0000   1st Qu.: 3.849   1st Qu.:30.58   1st Qu.:0.0000   1st Qu.:524200   1st Qu.:171000   1st Qu.:524200   1st Qu.:171000
Median :1.0000   Median : 5.404   Median :37.13   Median :0.0000   Median :531900   Median :178000   Median :531900   Median :178000
Mean   :0.9069   Mean   : 5.878   Mean   :38.46   Mean   :0.2742   Mean   :531095   Mean   :178795   Mean   :531095   Mean   :178795
3rd Qu.:1.0000   3rd Qu.: 7.364   3rd Qu.:45.71   3rd Qu.:1.0000   3rd Qu.:538900   3rd Qu.:186900   3rd Qu.:538900   3rd Qu.:186900
Max.   :1.0000   Max.   :14.998   Max.   :71.25   Max.   :1.0000   Max.   :556300   Max.   :199700   Max.   :556300   Max.   :199700
```

图 3-23　LNHP 属性数据多余列去除效果

对于上述代码，也可通过另外一种完全不同的方式去除属性数据中的列，请读者搜索相关资料后进行尝试。

通过观察，LNHP 属性数据包含“PURCHASE”(房屋价格)和“FLOORSZ”(房屋面积)，则通过以下代码，可在属性数据中新增加一列“AveragePrice”，如图 3-24 所示：

```
price<-new.df $PURCHASE
floorsz<-new.df $FLOORSZ
aveP<-price/floorsz
new.df["AveragePrice"] <-aveP
LNHP@ data<-new.df
summary(LNHP@ data)
```

```
   PURCHASE          FLOORSZ          TYPEDETCH          TPSEMIDTCH         TYPETRRD          TYPEBNGLW           TYPEFLAT           BLDPWW1
 Min.   : 41000   Min.   : 25.00   Min.   :0.00000   Min.   :0.0000   Min.   :0.0000   Min.   :0.00000   Min.   :0.0000   Min.   :0.000
 1st Qu.: 93500   1st Qu.: 62.00   1st Qu.:0.00000   1st Qu.:0.0000   1st Qu.:0.0000   1st Qu.:0.00000   1st Qu.:0.0000   1st Qu.:0.000
 Median :124000   Median : 80.00   Median :0.00000   Median :0.0000   Median :0.0000   Median :0.00000   Median :1.0000   Median :0.000
 Mean   :137850   Mean   : 83.52   Mean   :0.02936   Mean   :0.1487   Mean   :0.2979   Mean   :0.01124   Mean   :0.5172   Mean   :0.406
 3rd Qu.:160000   3rd Qu.: 98.00   3rd Qu.:0.00000   3rd Qu.:0.0000   3rd Qu.:1.0000   3rd Qu.:0.00000   3rd Qu.:1.0000   3rd Qu.:1.000
 Max.   :675000   Max.   :277.00   Max.   :1.00000   Max.   :1.0000   Max.   :1.0000   Max.   :1.00000   Max.   :1.0000   Max.   :1.000
   BLDPOSTW          BLD60S             BLD70S             BLD80S             BLD90S             BATH2              BEDS2            GARAGE1
 Min.   :0.0000   Min.   :0.00000   Min.   :0.00000   Min.   :0.00000   Min.   :0.00000   Min.   :0.00000   Min.   :0.0000   Min.   :0.0000
 1st Qu.:0.0000   1st Qu.:0.00000   1st Qu.:0.00000   1st Qu.:0.00000   1st Qu.:0.00000   1st Qu.:0.00000   1st Qu.:1.0000   1st Qu.:0.0000
 Median :0.0000   Median :0.00000   Median :0.00000   Median :0.00000   Median :0.00000   Median :0.00000   Median :1.0000   Median :0.0000
 Mean   :0.0737   Mean   :0.06683   Mean   :0.06371   Mean   :0.08057   Mean   :0.03498   Mean   :0.05434   Mean   :0.7664   Mean   :0.1999
 3rd Qu.:0.0000   3rd Qu.:0.00000   3rd Qu.:0.00000   3rd Qu.:0.00000   3rd Qu.:0.00000   3rd Qu.:0.00000   3rd Qu.:1.0000   3rd Qu.:0.0000
 Max.   :1.0000   Max.   :1.00000   Max.   :1.00000   Max.   :1.00000   Max.   :1.00000   Max.   :1.00000   Max.   :1.0000   Max.   :1.0000
   CENTHEAT          UNEMPLOY           PROF            BLDINTW               X                  Y              coords_x1         coords_x2
 Min.   :0.0000   Min.   : 2.196   Min.   :16.53   Min.   :0.0000   Min.   :505300   Min.   :157700   Min.   :505300   Min.   :157700
 1st Qu.:1.0000   1st Qu.: 3.849   1st Qu.:30.58   1st Qu.:0.0000   1st Qu.:524200   1st Qu.:171000   1st Qu.:524200   1st Qu.:171000
 Median :1.0000   Median : 5.404   Median :37.13   Median :0.0000   Median :531900   Median :178000   Median :531900   Median :178000
 Mean   :0.9069   Mean   : 5.878   Mean   :38.46   Mean   :0.2742   Mean   :531095   Mean   :178795   Mean   :531095   Mean   :178795
 3rd Qu.:1.0000   3rd Qu.: 7.364   3rd Qu.:45.71   3rd Qu.:1.0000   3rd Qu.:538900   3rd Qu.:186900   3rd Qu.:538900   3rd Qu.:186900
 Max.   :1.0000   Max.   :14.998   Max.   :71.25   Max.   :1.0000   Max.   :556300   Max.   :199700   Max.   :556300   Max.   :199700
 AveragePrice
 Min.   : 522.5
 1st Qu.:1278.6
 Median :1552.9
 Mean   :1686.9
 3rd Qu.:1964.3
 Max.   :5733.3
```

图 3-24　LNHP 属性数据添加列效果

新增后的“AveragePrice”属性列位于属性数据的最后一列，请读者思考并尝试将新增列移至第三列，即位于属性列“FLOORSZ”之后。

此外，在函数包 **sp** 中提供了 spCbind 函数，可直接将 Spatial * DataFrame 对象与给定的属性数据(data. frame 对象)进行关联。因此，以下代码也可实现将“AveragePrice”属性添加到 LNHP 属性数据中：

```
aveP<-data.frame(aveP)
names(aveP) <-"AveragePrice"
LNHP<-spCbind(LNHP,aveP)
summary(LNHP@ data)
```

3.4.2　空间数据空间操作

在 **R** 中，能够非常便捷地利用函数包 **sp**、**maptools** 和 **rgeos** 中的相关空间属性特征，本节将介绍其中的一些常用空间操作函数工具。

函数包 **sp** 中提供了 coordinates 函数，用于获取 Spatial * DataFrame 对象的坐标信息，请运行以下示例代码：

```
coord.spt<-coordinates(LNHP)
plot(LNHP)
points(coord.spt, col="red")
coord.spl<-coordinates(LNNT)
plot(LNNT)
for(i in 1:length(coord.spl))
  points(coord.spl[[i]][[1]], col="red",cex=0.4)
coord.spol<-coordinates(LN.bou)
plot(LN.bou)
points(coord.spol, col="red")
```

采用 coordinates 函数对不同的 Spatial * DataFrame 对象坐标提取结果如图 3-25 所示。从结果中可看出，针对 SpatialPointsDataFrame 对象 coordinates 函数结果为空间点的二维坐标矩阵；针对 SpatialLinesDataFrame 对象 coordinates 函数的返回结果为其所有线对象的节点坐标 list 对象；针对 SpatialPolygonsDataFrame 对象 coordinates 函数的返回结果为每个多边形的中心点二维坐标矩阵。

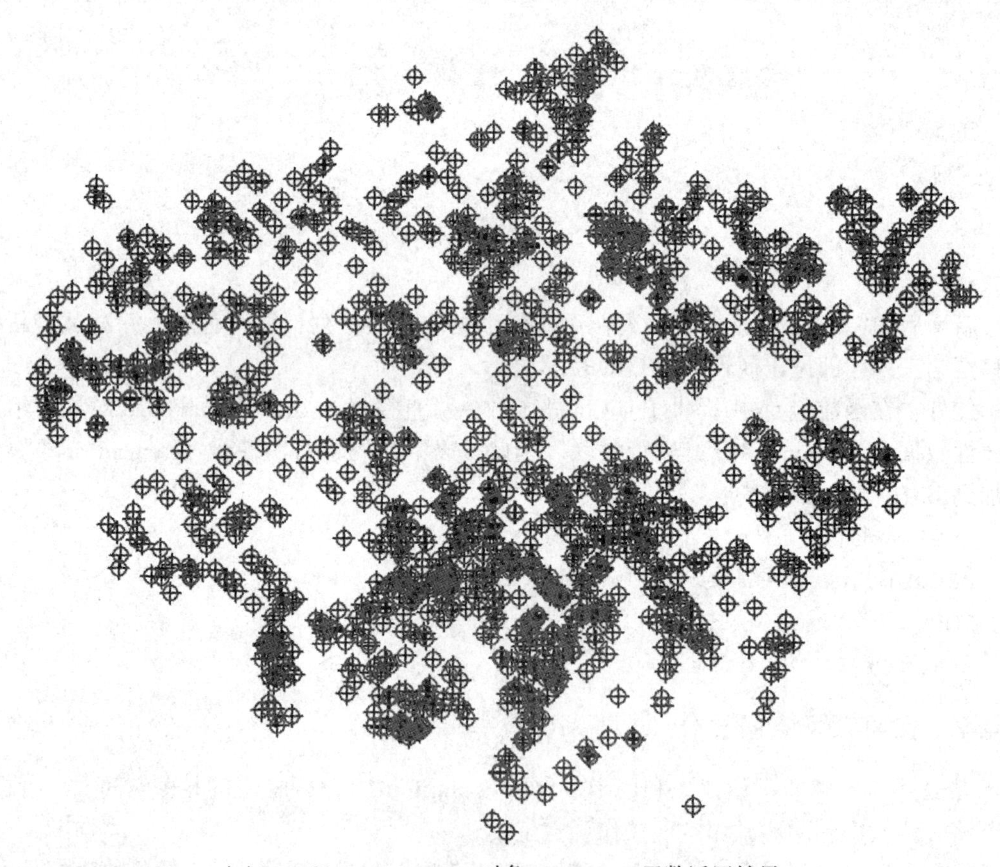

(a) SpatialPointsDataFrame 对象 coordinates 函数返回结果

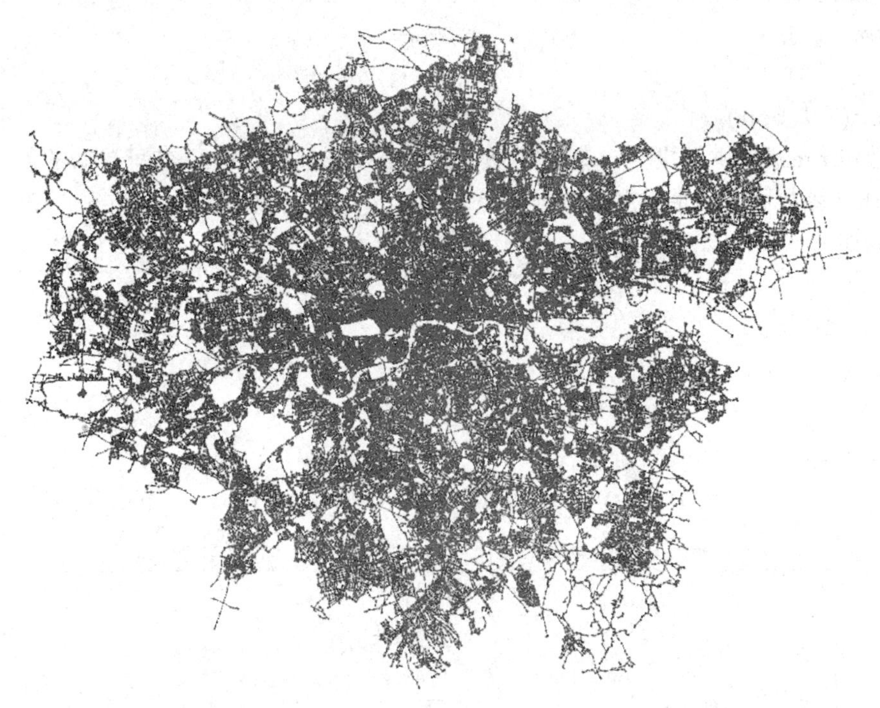

(b) SpatialLinesDataFrame 对象 coordinates 函数返回结果

(c) SpatialPolygonsDataFrame 对象 coordinates 函数返回结果

图 3-25 Spatial * DataFrame 对象坐标提取结果

在函数包 **sp** 中提供了 bbox 函数，用于获取空间数据外包矩形的左上、右下点坐标：

```
bbox(LNHP)
bbox(LNNT)
bbox(LN.bou)
```

函数包 **rgeos** 提供了更为丰富的函数，如 gEnvelope 函数返回空间数据的外包矩形，gConvexHull 函数可自动生成空间数据对象的凸包多边形，效果如图 3-26 和图 3-27 所示，实现代码如下：

```
LNbou.gEl<-gEnvelope(LN.bou)
plot(LN.bou)
plot(LNbou.gEl, border="red", lwd=2, add=T)
LNHP.gCH<-gConvexHull(LNHP)
plot(LNHP)
plot(LNHP.gCH, border="red", lwd=2, add=T)
```

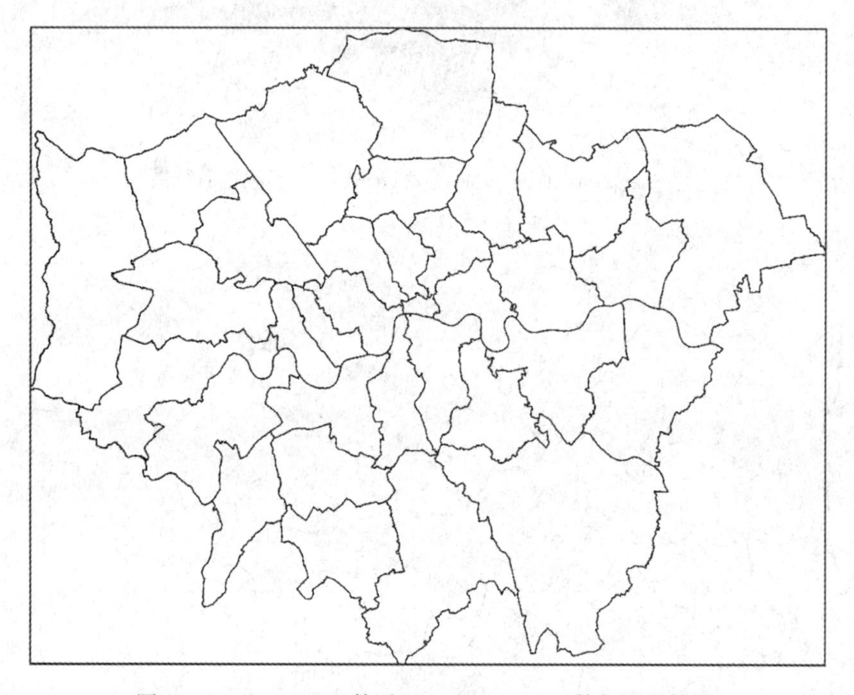

图 3-26　gEnvelope 函数返回 LondonBorough 外包矩形结果

函数包 **rgeos** 提供的 gLength 函数可计算线对象长度，如以下代码可分别计算 LNNT 数据的总长度和每个线对象长度：

```
gLength(LNNT)
gLength(LNNT, byid=T)
```

函数包 **rgeos** 提供的 gArea 函数可计算多边形面积，如以下代码可分别计算 LondonBorough 数据的总面积和每个多边形的面积：

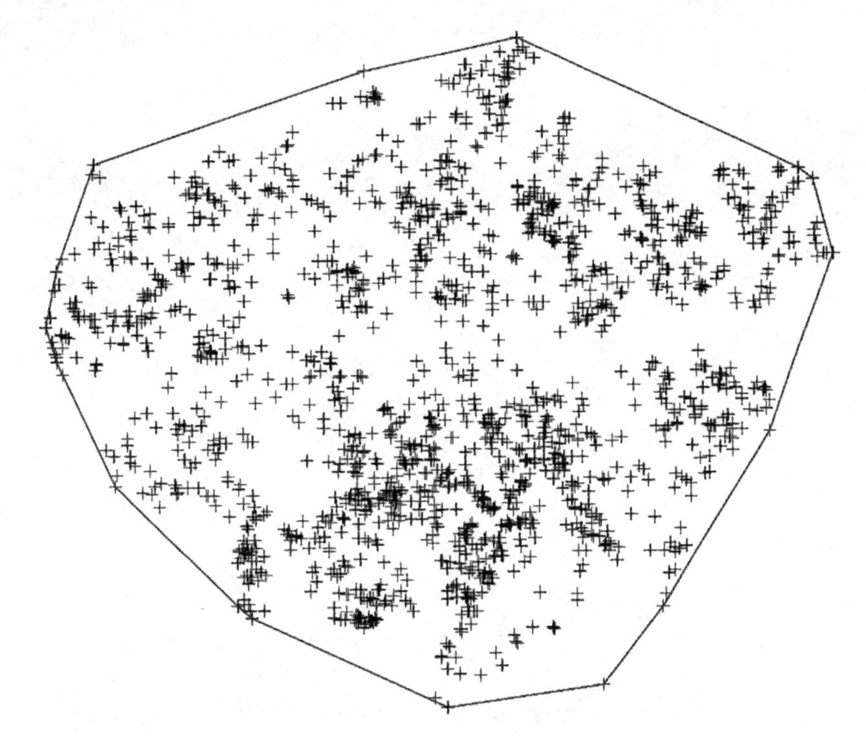

图 3-27　gConvexHull 函数返回 LNHP 凸包多边形结果

```
gArea(LN.bou)
gArea(LN.bou, byid=T)
```

3.4.3　空间数据处理与分析

本节将介绍针对空间数据对象的一些基本处理和分析操作，如合并、融合、缓冲区分析、泰森多边形分析等操作。

函数包 **rgeos** 提供的 gUnion 函数实现了空间数据对象的合并功能。将本章提供的示例数据 LN_bou_p1 和 LN_bou_p2(ESRI Shapefile)放到当前工作目录下“E: \ R_course \ Chapter3 \ Data”，执行以读取和合并(Union)操作示例代码。合并前数据如图 3-28 所示，通过 gUnion 函数合并后的结果如图 3-29 所示：

```
LN.bou1<-readShapePoly("LN_bou_p1", proj4string = CRS("+init=
epsg:27700"))
LN.bou2<-readShapePoly("LN_bou_p2", proj4string = CRS("+init=
epsg:27700"))
plot(LN.bou1, border="blue", xlim=bbox(LN.bou)[1,], ylim=bbox
(LN.bou)[2,])
plot(LN.bou2, border="red",add=T)
LN.bou.un<-gUnion(LN.bou1, LN.bou2, byid=T)
plot(LN.bou.un, border="blue")
```

图 3-28　LN_bou_p1 和 LN_bou_p2 数据合并前

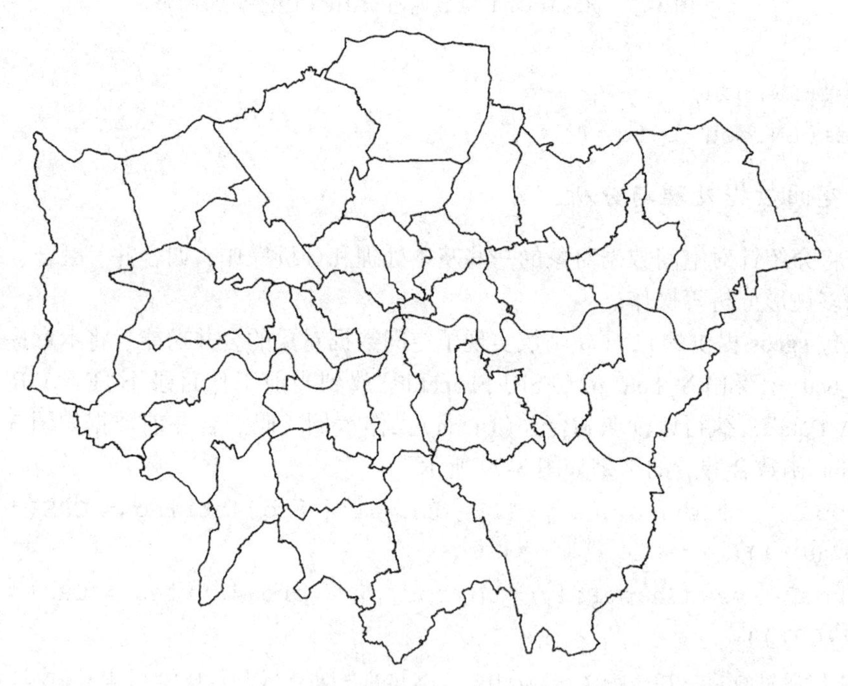

图 3-29　LN_bou_p1 和 LN_bou_p2 数据通过 gUnion 函数(byid=T)合并的结果

此外，函数包 **rgeos** 中的 gUnaryUnion 函数可将多边形数据对象中指定的若干或全部空间对象进行融合(Merge)操作，以下代码可实现如图 3-30 所示的效果：

```
plot(LN.bou.un, border="grey")
plot(gUnaryUnion(LN.bou1), border= "blue", add=T, lwd=2)
plot(gUnaryUnion(LN.bou2), border= "red", add=T, lwd=2)
```

图 3-30 对 LN_bou_p1 和 LN_bou_p2 数据经 gUnaryUnion 函数融合的结果

而通过对 Spatial * DataFrame 对象中的某些属性值进行判断，可将某些特定的空间对象子集单独提取为一个新的 Spatial * DataFrame 对象。以下代码可将伦敦市的 A 级道路单独提取出来，效果如图 3-31 所示：

```
LNNT.a<-LNNT[LNNT $RoadType=="a",]
plot(LNNT, col="grey")
plot(LNNT.a, col="red", lwd=1.5, add=T)
```

函数包 **rgeos** 中提供了缓冲区生成函数 gBuffer，能够便捷地生成点、线、面对象数据的缓冲区，返回结果为对应的多边形对象。如图 3-32、图 3-33 和图 3-34 所示，通过函数 gBuffer 可分别生成对应点、线和面数据指定距离的缓冲区，代码如下：

```
LNHP.buf<-gBuffer(LNHP, width=500)
plot(LNHP.buf, col="green")
plot(LNHP, add=T, cex=0.5)
LNNTa.buf<-gBuffer(LNNT.a, width=200)
plot(LNNTa.buf, col="green")
plot(LNNT.a, add=T)
LNBO.buf<-gBuffer(LN.bou, width=1000)
plot(LNBO.buf, col="green")
plot(LN.bou, col="grey",add=T)
```

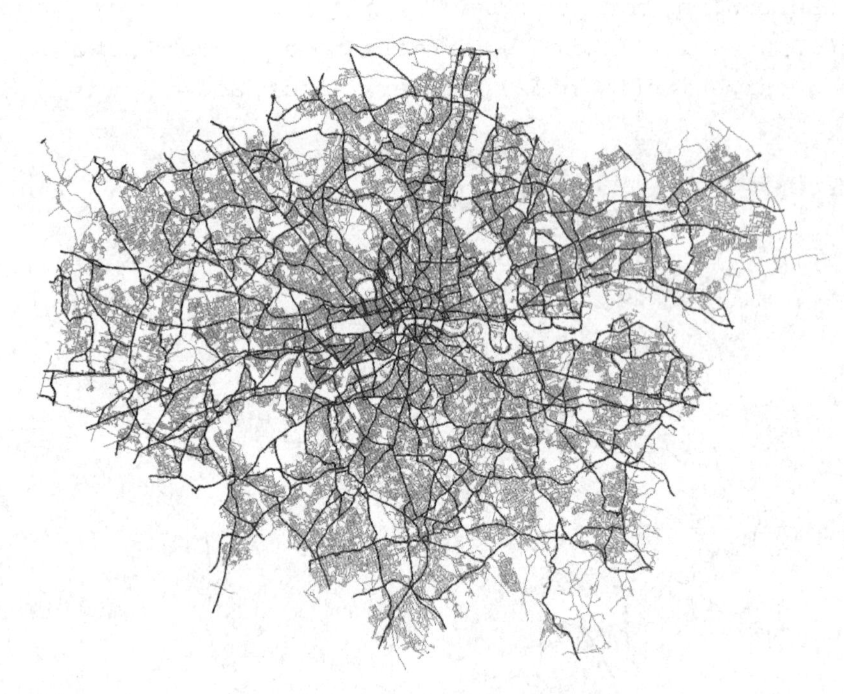

图 3-31　伦敦市 A 级路网提取结果(LNNT.a)

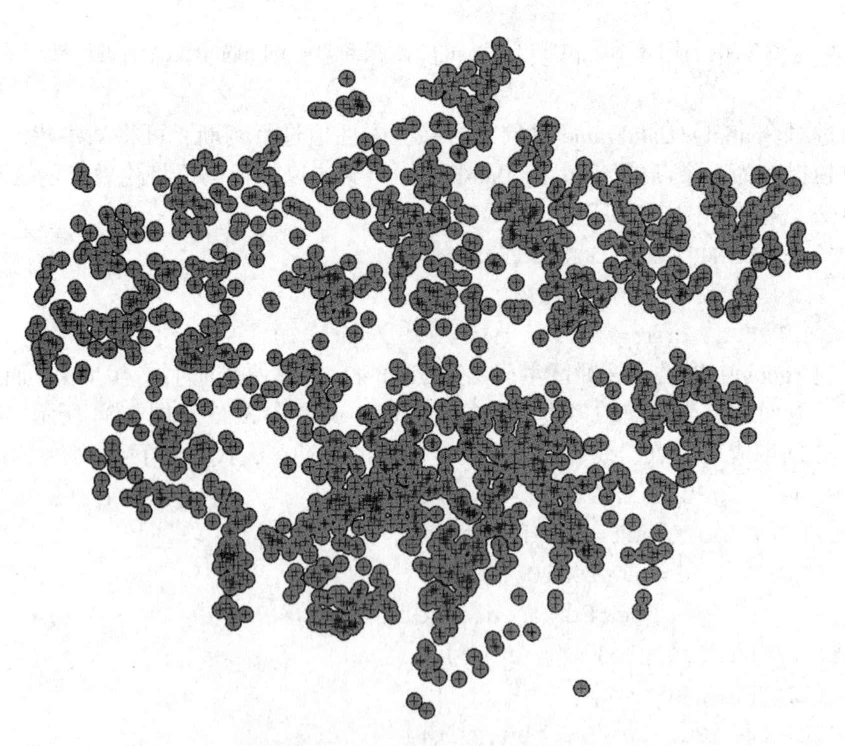

图 3-32　利用 gBuffer 函数生成 LNHP 数据 500m 缓冲区

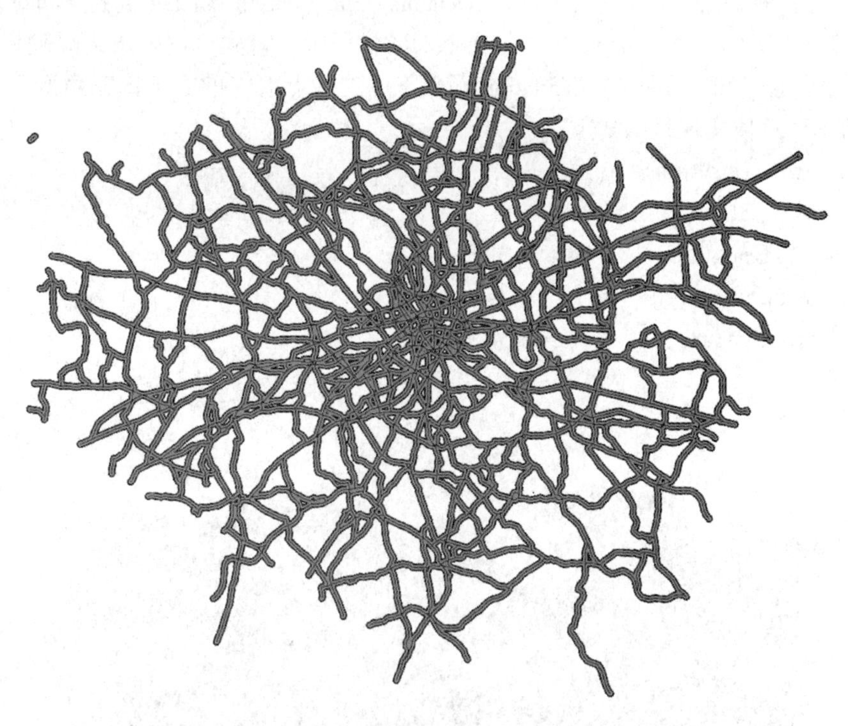

图 3-33 利用 gBuffer 函数生成 LNNT. a 数据 200m 缓冲区

图 3-34 利用 gBuffer 函数生成 LondonBorough 数据 1000m 缓冲区

针对空间点对象，函数包 **rgeos** 中 gDelaunayTriangulation 函数可生成空间点之间的德劳内三角剖分(Delaunay triangulation)。在下面的代码中，首先对伦敦市边界随机抽取 100 个样点，然后通过 gDelaunayTriangulation 函数生成这些点对应的德劳内三角剖分，效果如图 3-35 所示。具体实现代码如下：

```
spt.rand<-spsample(LN.bou, 100, type="random")
spt.rand.dt<-gDelaunayTriangulation(spt.rand)
plot(LN.bou, col="grey")
plot(spt.rand.dt, col="green", add=T)
plot(spt.rand, col="red", add=T)
```

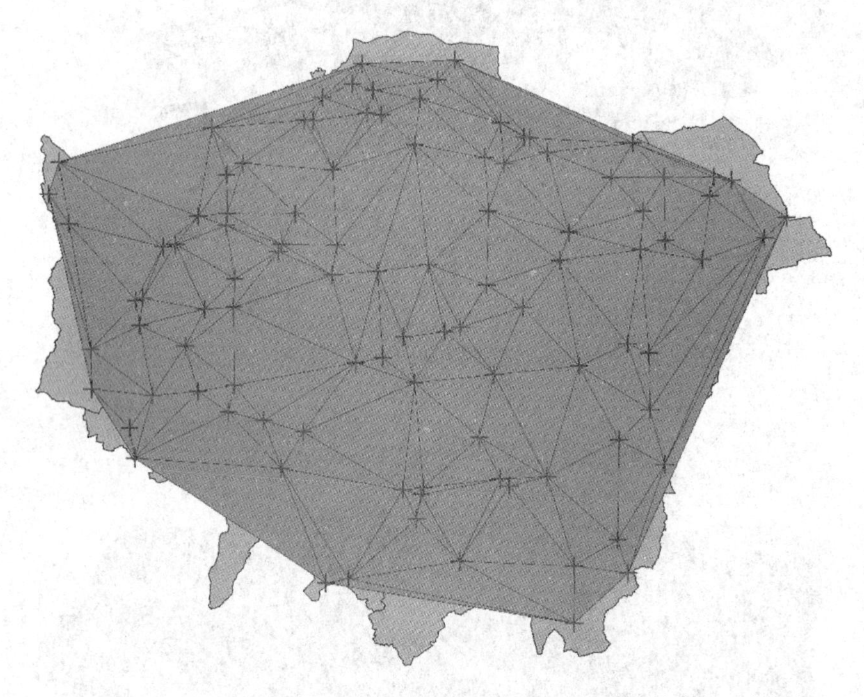

图 3-35　利用 gDelaunayTriangulation 函数生成空间点之间的德劳内三角剖分

3.4.4　空间关系处理与分析

在空间数据的应用过程中，经常需要进行基于空间关系的处理与分析，如距离计算，邻接关系、相交关系等方面的计算与判断。

函数包 **rgeos** 中提供的 gDistance 函数可用于计算空间对象之间的距离。下面代码可计算 LNHP 数据中 1601 个点之间的距离矩阵：

```
dmat1 <-gDistance(LNHP, byid=T)
```

函数包 **rgeos** 同时提供了 gWithinDistance 函数，用于检验对应空间对象位置是否在一定的距离阈值范围之内(通过参数 dist 设定)。因此，如果面对这样一个问题：请指出 LNHP 数据中哪些点距离伦敦市 A 类道路不超过 100m？可通过以下代码简单快速地实现，效果如图 3-36 所示：

```
dist100<-gWithinDistance(LNHP, LNNT.a, dist=100, byid=T)
plot(LNNT.a)
plot(LNHP[as.logical(apply(dist100, 2, sum)),], pch=16, col="
red", add=T)
```

图 3-36 与伦敦市 A 类道路距离不超过 100m 的 LNHP 数据

请读者思考，如果用其他 GIS 工具软件实现这个操作，需要哪些工具和步骤？对比一下哪种方式更加便捷、简单，效果更好。

注意，当 gDistance 和 gWithinDistance 函数中的参数 byid 为“FALSE”时，计算距离的准则为两个输入空间对象整体之间的距离，即最临近点之间的距离。此时，可通过函数 gNearestPoints 查看两个空间对象之间的最临近的两个点。以下代码展示了对于给定的线对象和多边形对象，通过 gNearestPoints 返回它们之间的最临近点的功能，结果如图 3-37 所示。具体实现代码如下：

```
l1<-Line(cbind(c(1,2,3),c(3,2,2)))
S1= SpatialLines(list(Lines(list(l1), ID="a")))
Poly1= Polygon(cbind(c(2,4,4,1,2),c(3,3,5,4,4)))
Polys1= SpatialPolygons(list(Polygons(list(Poly1), "s1")))
plot(S1, col="blue",xlim=c(1,4), ylim=c(2,5))
plot(Polys1, add=T)
plot(gNearestPoints(S1, Polys1), add=TRUE, col="red", pch=7)
```

```
lines(coordinates(gNearestPoints(S1, Polys1)), col="red", lty=3)
```

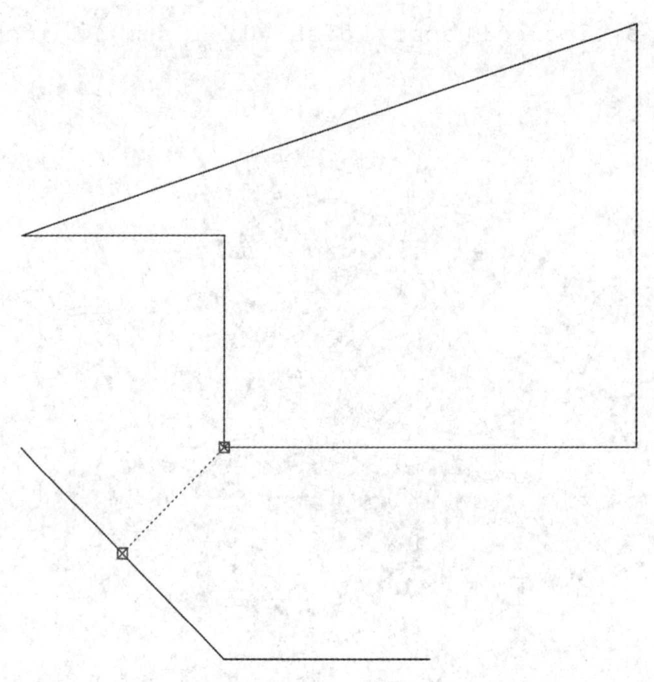

图 3-37　gNearestPoints 函数返回空间对象间的最临近点结果

函数包 **rgeos** 中提供了空间对象几何求交函数 gIntersection，用于获取两个输入空间对象的公共部分，即实现 GIS 中常用的空间剪辑(Clip)功能。例如，我们可以利用 gIntersection 函数实现上文中图 3-35 中伦敦市边界与三角剖分之间的求交运算，代码如下，效果如图 3-38 所示：

```
LN.bou.dt<-gIntersection(LN.bou, spt.rand.dt)
plot(LN.bou.dt, col="green", xlim=bbox(LN.bou)[1,], ylim=bbox(LN.bou)[2,], lwd=3)
plot(LN.bou, lty=2, add=T)
plot(spt.rand.dt, lty=3, add=T)
```

此外，函数包 **rgeos** 还提供了空间对象求异运算函数 gDifference 和 gSymdifference，可以实现与 gIntersection 函数相逆的剪辑操作。下面我们也将通过一个实例来看函数的具体效果。首先，将本章所提供的泰晤士河的边界数据(River. shp)放到工作目录下，通过以下代码导入和查看，效果如图 3-39 所示：

```
river<-readShapePoly("River", proj4string = CRS("+init=epsg:27700"))
plot(LN.bou, col="grey")
plot(river, col="green", add=T)
```

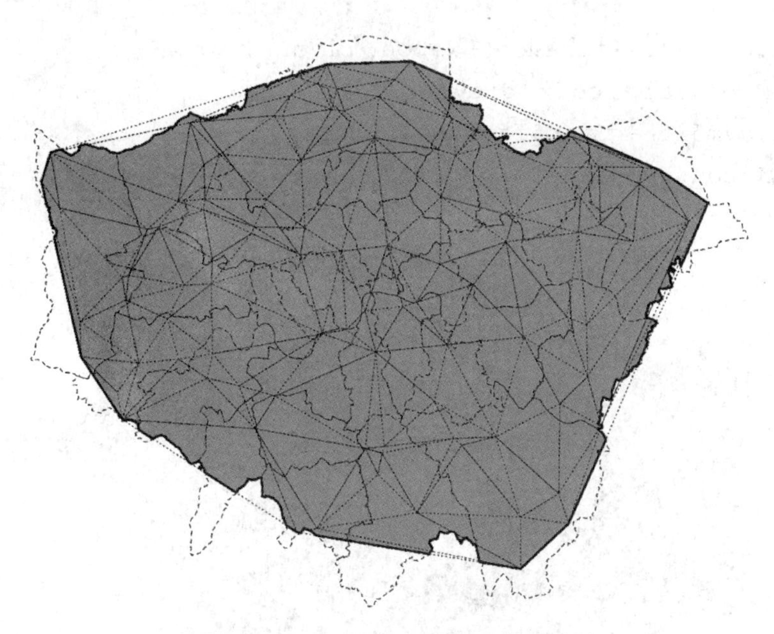

图 3-38　gIntersection 函数求交结果示例

图 3-39　泰晤士河数据示意图

例如，在研究房价变化的过程中，需要将河流覆盖区域排除在外，即将这部分区域从伦敦市边界数据中进行剪裁。在以下代码中，通过分别应用函数 gDifference 和函数 gSymdifference，即可实现图 3-40 和图 3-41 中所示的两种效果。注意，这两个函数其实能够实现不同的裁剪效果，请在延伸学习部分尝试更多实例以验证它们的不同之处。具体代码如下：

```
LN.bou.dif<-gDifference(LN.bou, river, byid=T)
plot(LN.bou.dif, col="grey")
LN.bou.symdif<-gSymdifference(LN.bou, river)
plot(LN.bou.symdif , col="grey")
```

图3-40　函数gDifference裁剪效果示意图

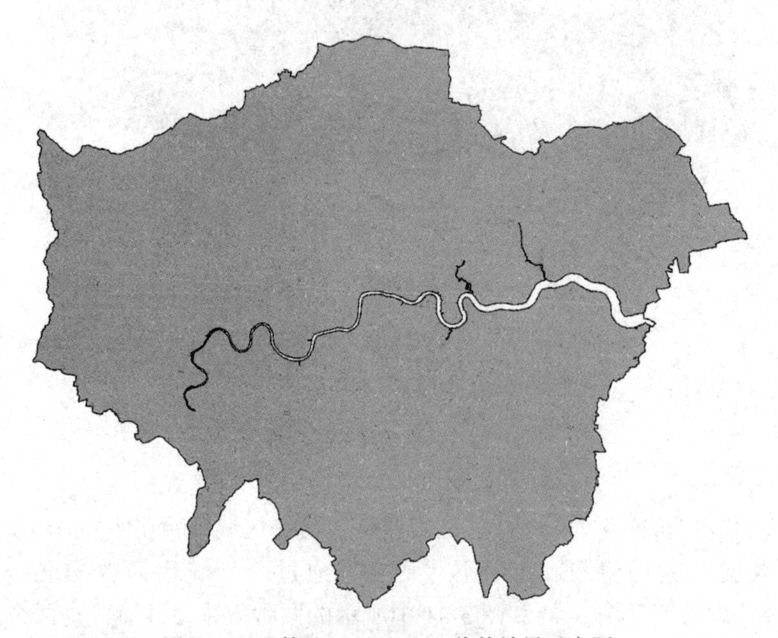

图3-41　函数gSymdifference裁剪效果示意图

除了上述基于空间关系判断的空间数据处理函数外，函数包 **rgeos** 还提供了丰富的空间关系判断函数(若对象间存在对应空间关系，则返回值为“TRUE”；否则返回值为“FALSE”)，包括以下关系特征的判断：

①包含关系：可用函数包括 gContains、gContainsProperly、gCovers、gCoveredBy、gWithin 等，判断情形如图 3-42 所示；

②交叠关系：可用函数包括 gCrosses 和 gOverlaps，判断情形如图 3-43 所示；

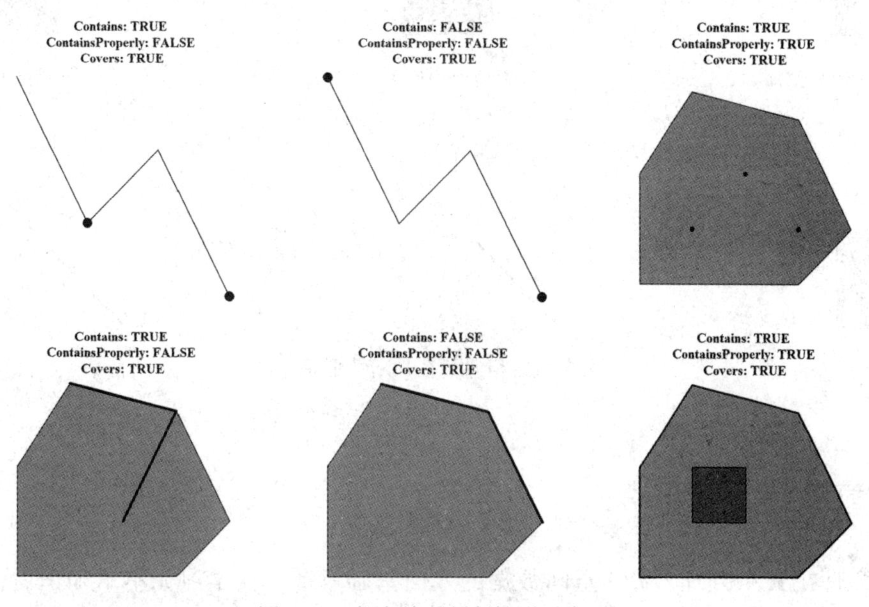

图 3-42　包含关系判断情形示意图

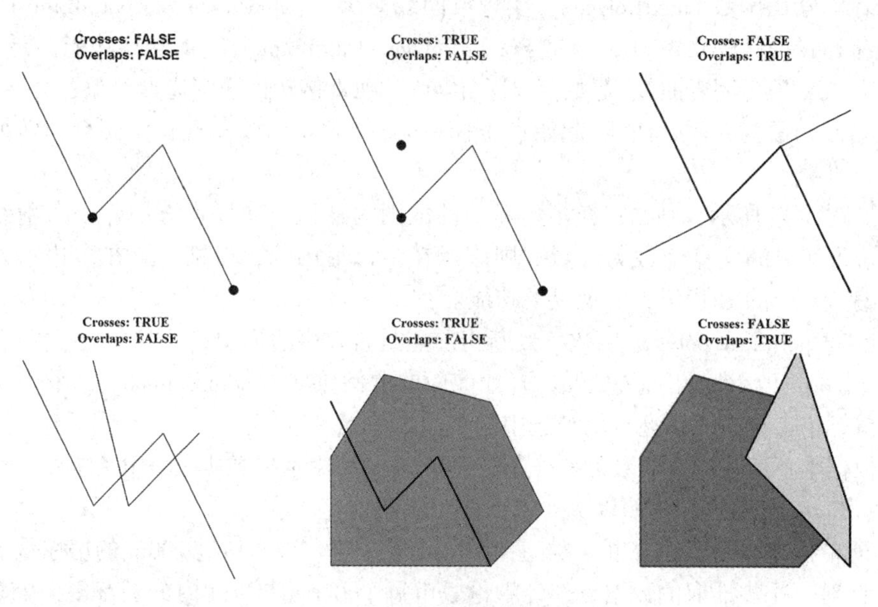

图 3-43　交叠关系判断情形示意图

③相遇关系：可用函数包括 gTouches，判断情形如图 3-44 所示。

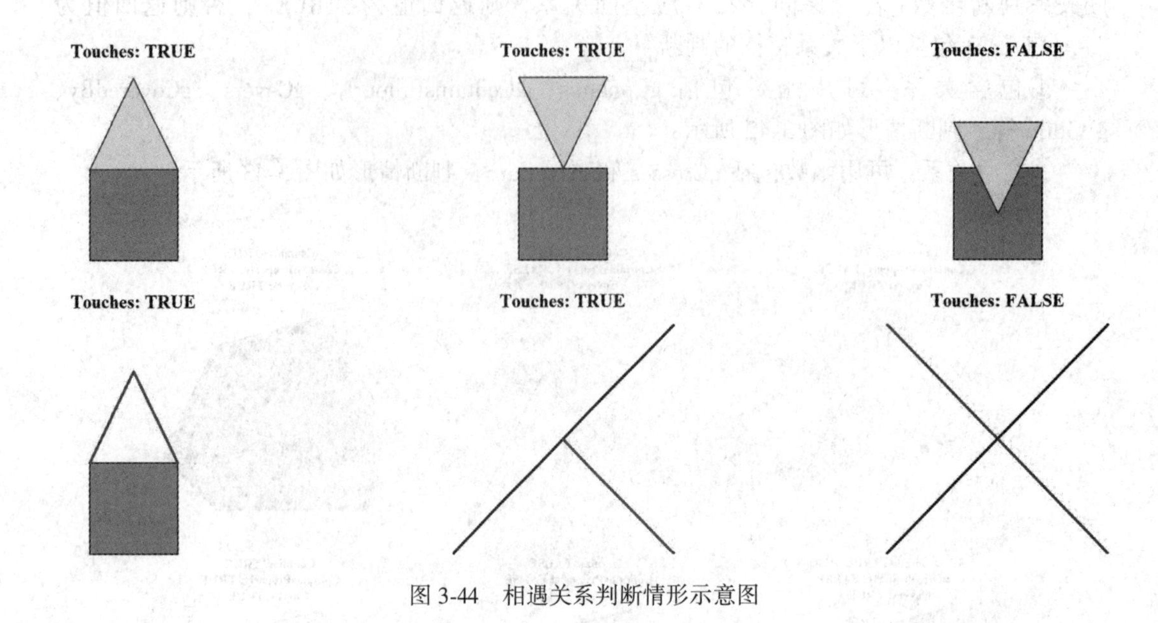

图 3-44　相遇关系判断情形示意图

3.5　章节练习与思考

本章是在 **R** 中处理、分析空间数据的入门基础章节。在学习完本章知识后，请进行以下思考和练习：

①请编写 **R** 函数 Line2Polygon，实现空间线对象(SpatialLines 或 SpatialLinesDataFrame 类)向空间面对象(SpatialPolygons 或 SpatialPolygonsDataFrame 类)的转换功能，要求如下：

a. 若线对象为闭合曲线(起始点坐标相同)，则直接转换为多边形对象；

b. 若线对象为非闭合曲线(起始点坐标不同)，则将曲线实现首尾闭合，转换为多边形对象。

②如图 3-45 所示，判断点在多边形中的准则为从该点向任意方向作一条射线，若射线与多边形边界的交点个数为奇数，则该点在多边形内部；否则，点在多边形外部。那么，请编写对应的 **R** 代码，实现以下功能：

a. 编写 point. In. polygon 函数，判断当前点是否在多边形中；

b. 利用 plot 函数画出多边形数据(如前面的示例数据 LondonBorough)，采用 locator 函数获取鼠标单击位置，高亮显示被选中的多边形单元。

③根据本章所述的空间数据操作与处理方法，利用示例数据 LNHP 数据、LNNT 数据和 LondonBorough 数据，按照以下要求抽取对应数据：

a. 请单独抽取距离伦敦市 A 类道路(RoadType =“a”)不超过 100m 的房屋数据；

b. 针对上一步抽取的数据点，计算伦敦市每个 Borough 单元内分别有多少个数据点。

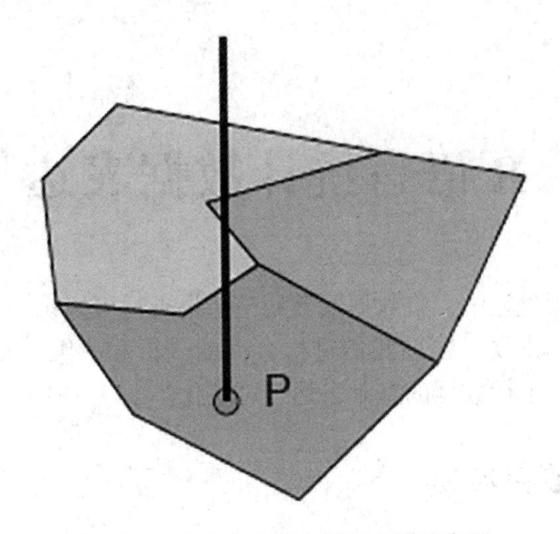

图 3-45 点在多边形内判断准则示意图

第4章　R语言统计数据表达与可视化

在数据处理和分析过程中，将数据及其处理结果进行可视化，能够加深我们对数据的理解，迅速捕捉数据的本质，帮助我们进行合理的分析和决策。本章将介绍如何利用**R**中的一些函数包工具，进行数据的基础表达与可视化。

4.1　章节R函数包准备

4.1.1　ggplot2

函数包**ggplot2**(https://cran.r-project.org/package=ggplot2)是由Hadley Wickham等人开发和维护的数据可视化工具函数包，是当前**R**中最流行的可视化函数包之一。与大多数数据可视化函数包不同，函数包**ggplot2**是基于Wilkinson在2005年提出的图形语法(The Grammar of Graphics)开发的，由一系列的独立可视化组件构成，能够进行灵活的组合。因此，**ggplot2**的功能非常强大，可以根据不同的可视化问题与需求，量身定制不同的可视化图形。

4.1.2　lattice

函数包**lattice**(https://cran.r-project.org/package=lattice)是由Deepayan Sarkar开发和维护的，是**R**中主要用于实现元数据可视化的函数包。函数包**lattice**的设计理念来自于Cleveland的Trellis图形，即根据特定变量将数据分解为若干子集，并对每个子集画图，由此形成的栅栏图可展示某个变量的分布或与其他变量间的关系。同时，**lattice**函数包还提供了丰富的图形函数，可生成单变量图形(点图、核密度图、直方图、柱形图和箱线图)、双变量图(散点图、带状图和平行箱线图)和多变量图形(三维图和散点图矩阵)。

4.1.3　RcolorBrewer

函数包**RcolorBrewer**是由Erich Neuwirth开发和维护的(https://CRAN.R-project.org/package=RColorBrewer)，它提供了由Cynthia Brewer设计的常用色系选项，在属性数据表达和空间数据专题制图的过程中为颜色、色系的选择提供了极大的便利。本章的部分示例中，将展现它的作用与效果。

在本章的学习过程中，按照以上函数包，并在**R**中载入它们，代码如下：

```
install.packages("ggplot2")
install.packages("lattice")
```

```
install.packages("RColorBrewer")
library(ggplot2)
library(lattice)
library(RColorBrewer)
```

4.2 基础 plot 函数

在 **R** 语言中，提供了最为基础的画图函数 plot，可绘制点、线、面等形状。该函数在第 3 章的数据展示过程中，已经进行了部分应用。

理解函数 plot 的绘制功能和特点，主要从点形状(大小)、线型(线宽)、颜色、绘制类型和制图综合等几个方面进行定义。

在函数 plot 中，参数 pch 被赋值正整数，对应不同形状的点，这里列举了 25 种常用的赋值及形状，效果如图 4-1 所示。

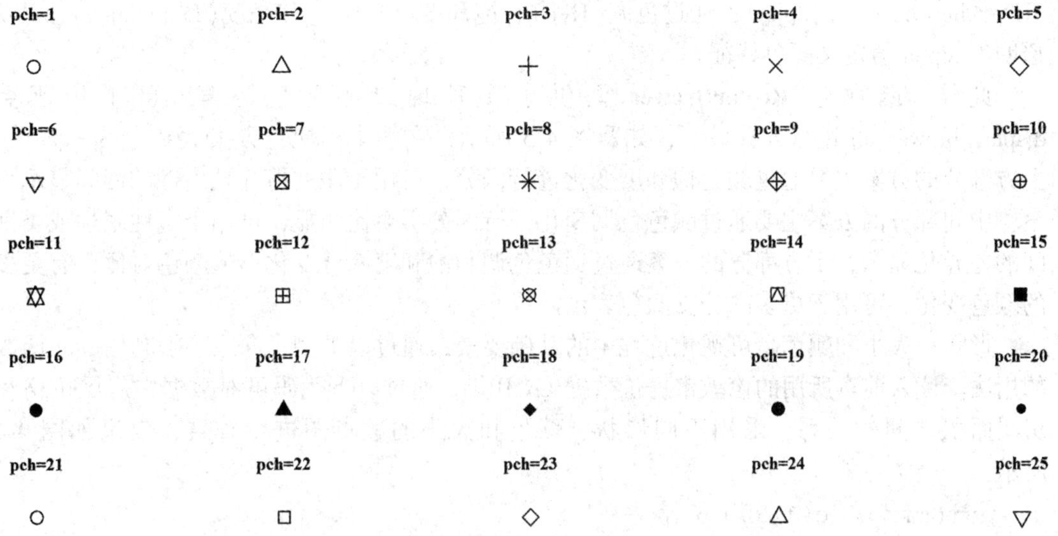

pch=1 pch=2 pch=3 pch=4 pch=5
pch=6 pch=7 pch=8 pch=9 pch=10
pch=11 pch=12 pch=13 pch=14 pch=15
pch=16 pch=17 pch=18 pch=19 pch=20
pch=21 pch=22 pch=23 pch=24 pch=25

图 4-1 函数 plot 中参数 pch 对应不同的点形状

在函数 plot 中，参数 lty 用来定义线型特征的绘制，如果从 1~6 进行赋值，分别对应实线、虚线、点线、点划线、长虚线、长虚点划线，效果如图 4-2 所示。

绘图的配色问题是数据表达与可视化的关键，可从色调和饱和度两个方面进行考虑。在函数 plot 中，参数 col 用来定义绘制对象的颜色，可直接采用不同颜色(色调)对应的英文单词字符串进行赋值，效果如彩图 4-3 所示。在不同颜色对应的单词后面加上不同的数字，可以调整对应颜色的饱和度，效果如彩图 4-4 所示。使用函数 colors 可以查看更多的颜色选项，共计 657 种。还可以通过以下三个函数定义颜色特征：

①rgb(r, g, b, maxColorValue=255, alpha=255)：通过 0~255 范围内的 RGB 三色值定义颜色特征；

图 4-2　函数 plot 中参数 lty 对应不同的线型

②hsv(h, s, v, alpha)：通过色调(Hue)、饱和度(Saturation)和 0 ~ 1 之间的值(Value)，以及透明度 alpha 值定义颜色特征；

③hcl(h, c, l, alpha)：通过色调(Hue)、饱和度(Chroma)和亮度(Luminance)，以及透明度 alpha 值定义颜色特征。

此外，函数包 **RcolorBrewer** 提供了多种现成的配色方案，可采用函数 display. brewer. all 进行查看显示，如彩图 4-5 所示。在图中，配色方案大致分为三部分，上方部分的方案主要通过颜色饱和度变化进行区分，可用于序列值或顺序性的区间显示方案；中间部分的方案主要通过颜色色调变化进行区分，对比明显，可用于定性属性或类别间的差异化显示；下方部分的方案通过颜色色调和饱和度综合变化形成颜色对比，有更多的颜色变化，可用于更多的分支颜色表示。

形状、大小和颜色是可视化过程中的基础要素，通过以下例子深入了解利用 plot 函数的用法。读入前章所用的伦敦市房价数据 LNHP①，通过以下代码可对数据中房屋价格和房屋面积之间的关系，采用不同形状、颜色和大小的散点图进行查看，效果如图 4-6 所示：

```
par(mfrow=c(1,2))
plot(LNHP@ data[,"FLOORSZ"], LNHP@ data[,"PURCHASE"], xlab="房屋面积(平方米)",ylab="房屋价格(英镑)")
plot(LNHP@ data[,"FLOORSZ"], LNHP@ data[,"PURCHASE"], xlab="房屋面积(平方米)",ylab="房屋价格(英镑)",cex=0.5,pch=3,col="blue")
```

如果数据中含有其他信息，如类别信息，可利用颜色或形状在散点图中加以区分。通过以下代码，对房屋类型进行判断，并在散点图中采用不同颜色和形状对信息进行表达，效果如图 4-7 所示。具体实现代码如下：

```
type<-LNHP@ data[,"TYPEDETCH"]+ 2 * LNHP@ data[,"TPSEMIDTCH"] +3 * LNHP@ data[,"TYPEBNGLW"] + 4 * LNHP@ data[,"TYPETRRD"]
```

① 此处不再赘述，过程与步骤参见第 3 章，下同。

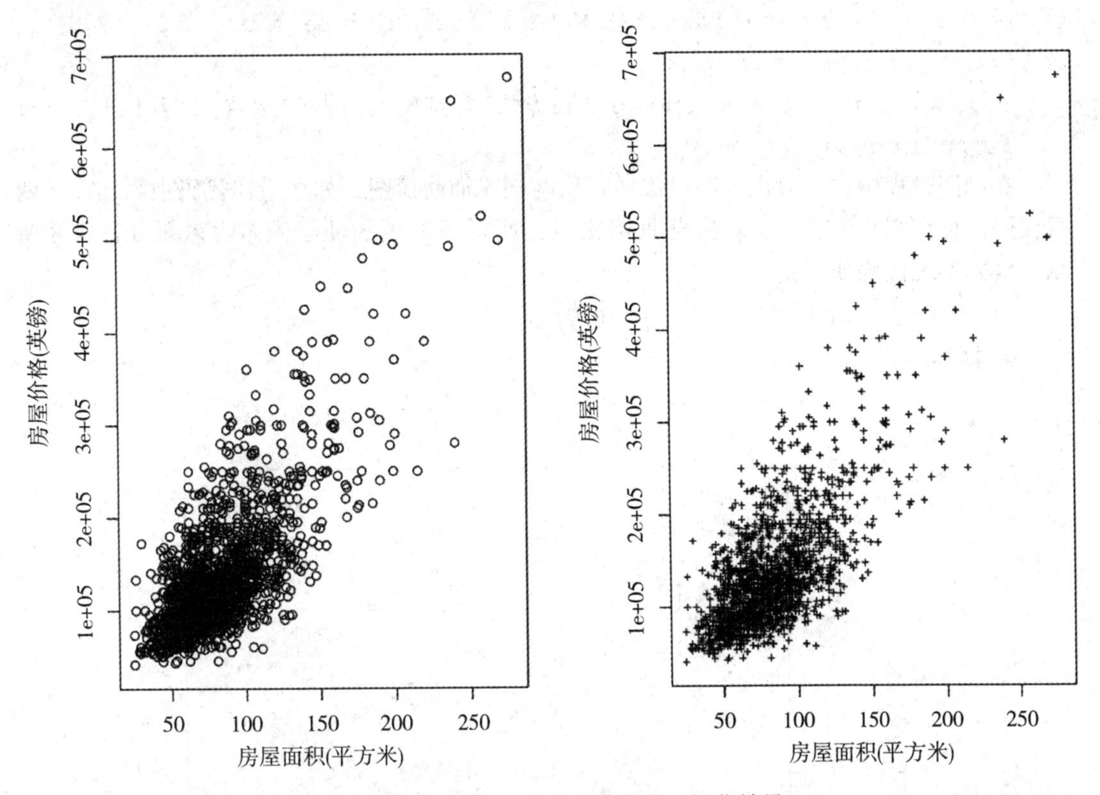

图 4-6 不同形状、颜色和大小的可视化效果

```
idx1<-which(type==1)
idx2<-which(type==2)
idx3<-which(type==3)
idx4<-which(type==4)
idx5<-which(type==0)
pchs<-c(3,4,14,17,19)
cols<-c("black","blue","red","green","purple")
plot(LNHP@ data[idx1,"FLOORSZ"], LNHP@ data[idx1,"PURCHASE"],
col=cols[1],pch=pchs[1],xlim=range(LNHP@ data[,"FLOORSZ"]),ylim=
range(LNHP@ data[,"PURCHASE"]),xlab="房屋面积(平方米)",ylab="房屋价格
(英镑)",cex=0.5)
points(LNHP@ data[idx2,"FLOORSZ"], LNHP@ data[idx2,"PURCHASE"],
col=cols[2],pch=pchs[2],cex=0.8)
points(LNHP@ data[idx3,"FLOORSZ"], LNHP@ data[idx3,"PURCHASE"],
col=cols[3],pch=pchs[3],cex=0.8)
points(LNHP@ data[idx4,"FLOORSZ"], LNHP@ data[idx4,"PURCHASE"],
col=cols[4],pch=pchs[4],cex=0.8)
```

```
points(LNHP@ data[idx5,"FLOORSZ"], LNHP@ data[idx5,"PURCHASE"],
col=cols[5],pch=pchs[5],cex=0.8)
legend("topleft",legend=c("独栋","联排","排屋","公寓","其他"), col
=cols,pch=pchs)
```

在制图过程中，一般也可通过添加背景网格线辅助识图，如在上述代码中添加以下两行代码，可在图 4-7 中添加对应背景网格线，使得读者更加便于观察，效果如图 4-8 所示。具体实现代码如下：

```
grid(nx=20,ny=20,col="grey")
grid(nx=5,ny=5,col="grey",lty=1,lwd=1)
```

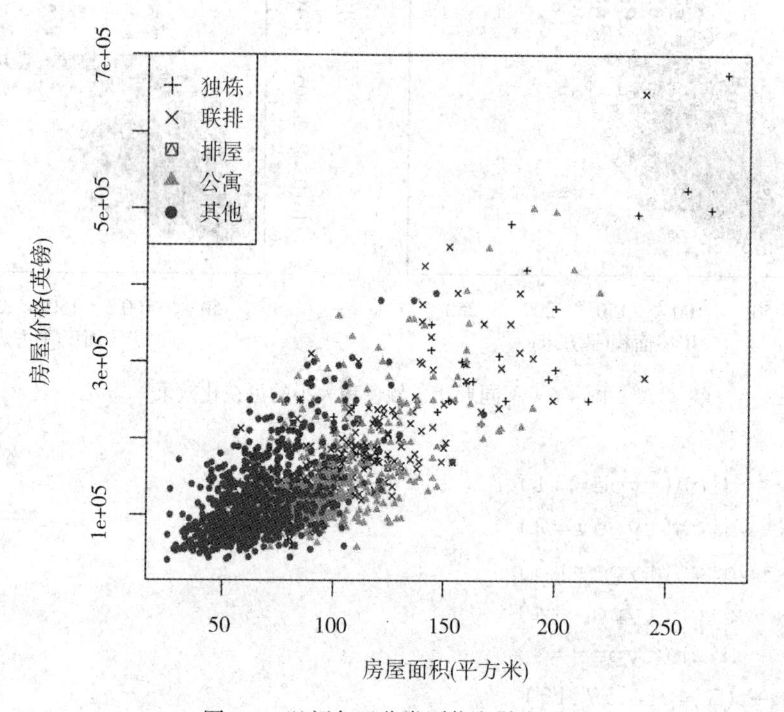

图 4-7　以颜色区分类别信息散点图

函数 plot 不仅便于做散点图，还可灵活地改变散点图的样式。如果定义参数 type 分别为“l”和“b”，则绘制对应的折线图和点线图如图 4-9 所示。可以看出，折线图突出了值域变化趋势，而点线结合的图更加易于展示相邻数值之间的跳跃，尤其是相邻点之间的较大变化。具体实现代码如下：

```
par(mfrow=c(1,2))
x<-seq(0, 2*pi, len=100)
y<-sin(x)+rnorm(100, 0, 0.1)
plot(x,y,type="l", col="darkblue", lwd=3)
plot(x,y,type="b", col="darkblue",pch=16)
```

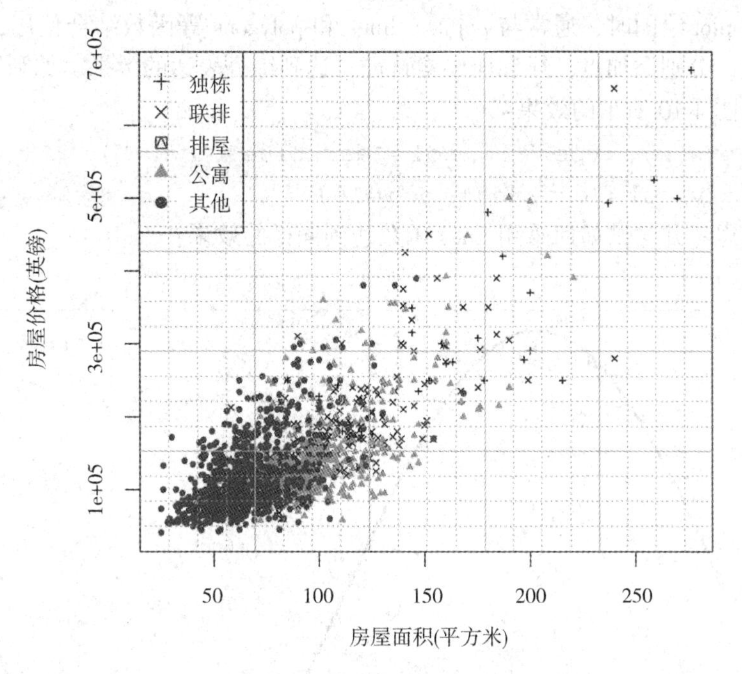

图 4-8 添加背景网格散点图

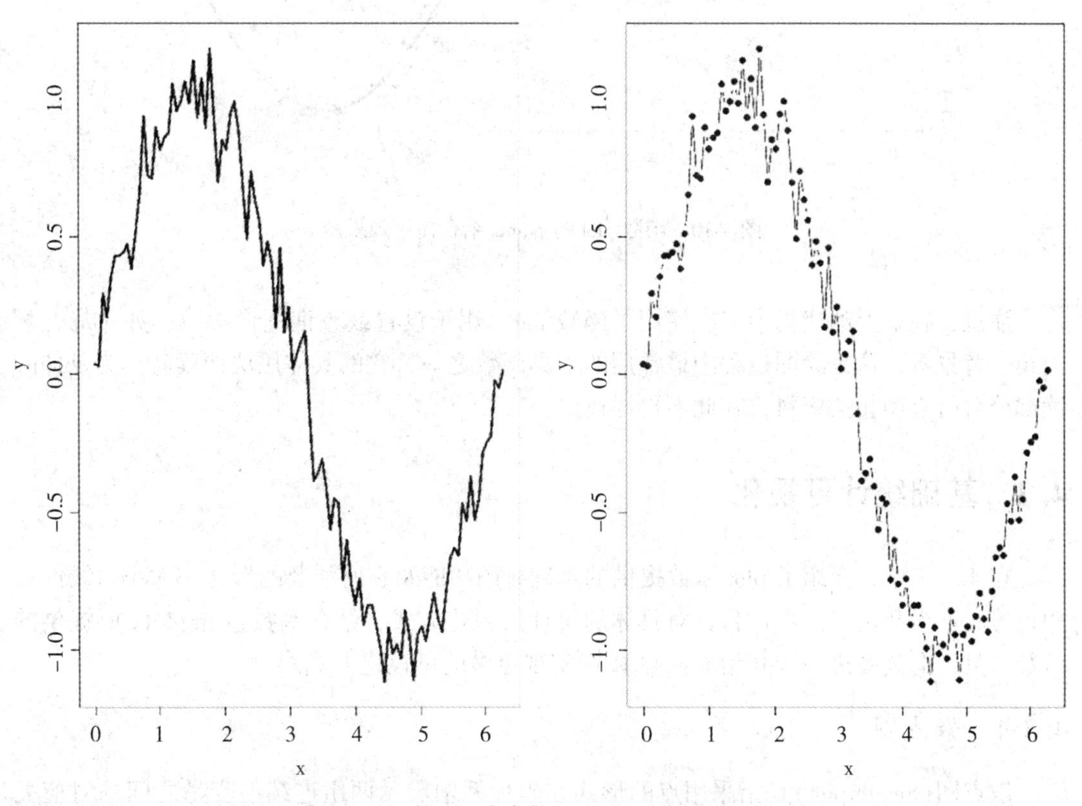

图 4-9 函数 plot 中参数 type = "l" 和 type = "b"

利用函数 plot 绘图时，通常与 points、lines 和 polygons 等函数结合使用，在已有绘制要素的基础上，分别添加点、线和面要素特征，达到综合表达的效果，如利用下面两行代码，可实现如图 4-10 所示的效果：

```
plot(x,sin(x), type="l", col="darkblue", lwd=5)
points(x,y,col="darkred", pch=16)
```

此处，请思考并尝试如何采用 lines 函数达到同样的效果?

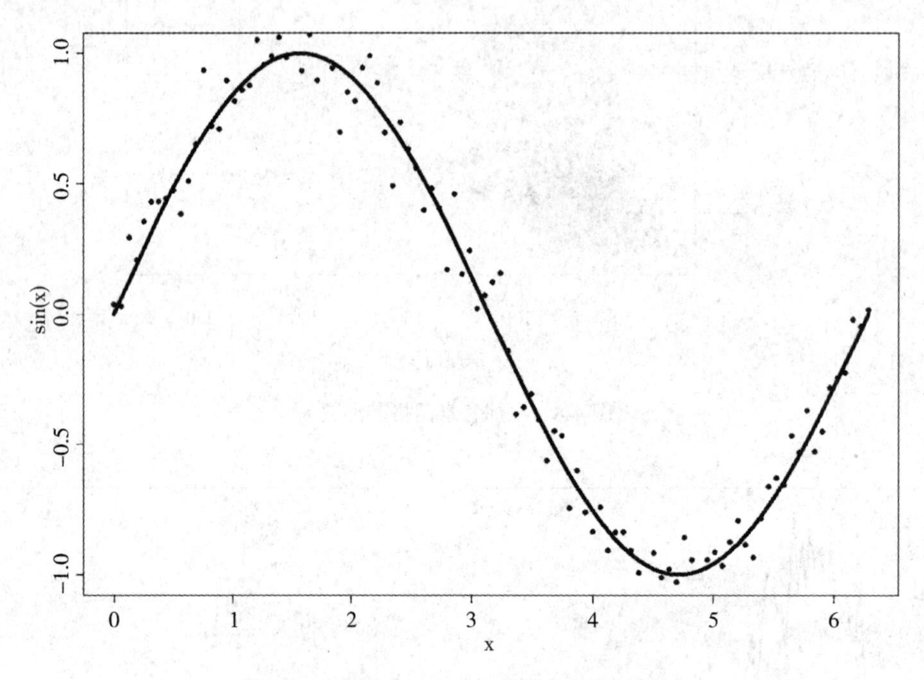

图 4-10　函数 plot 与 points 结合使用效果图

注意，在以上的代码中多次使用了函数 par，用于设置或查询图形参数，如布局、页边距、背景等，这是绘图过程中最常用的工具函数之一，它的具体用法请读者作为延伸阅读部分自行查阅相关资料，在此不再详述。

4.3　基础统计可视化

在 4.2 节中，介绍了 plot 函数提供的基础绘图功能及它所涉及的形状、大小、线性和颜色等方面参数定义。本章将针对具体的统计可视化方式，结合函数包 **ggplot2** 所提供的函数工具，向读者进一步介绍如何在 **R** 中实现更多的可视化方式。

4.3.1　散点图

散点图(Scatterplot)是指采用点的形式在坐标系中展示两组连续型变量之间的对应关系。在 4.2 节中，plot 函数的基础功能之一就是绘制散点图，如图 4-6、图 4-7、图 4-8 和

图 4-9 所示。函数包 **ggplot2** 中函数 qplot 可绘制类似的散点图，其默认具有背景网格效果，代码如下，效果如图 4-11 所示：

```
qplot(FLOORSZ, PURCHASE, data=LNHP@ data)
```

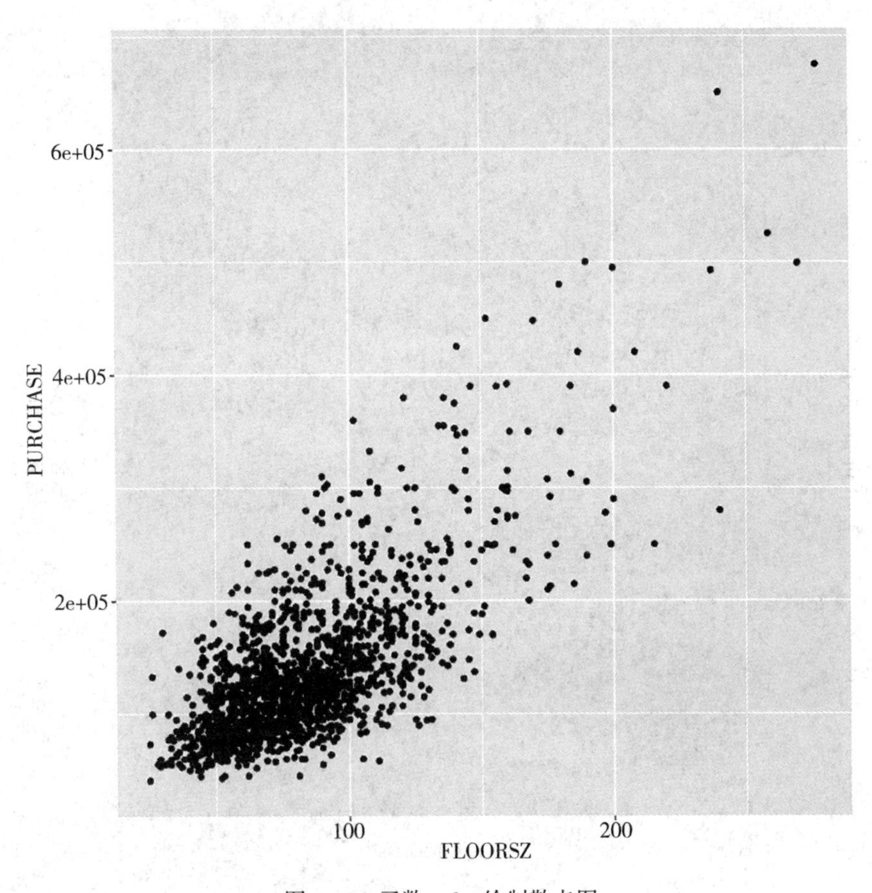

图 4-11　函数 qplot 绘制散点图

通过结合使用函数包 **ggplot2** 中的 ggplot 和 geom_point 函数可实现更加复杂的散点图。通过以下代码，类似于图 4-7 和图 4-8，可对不同类型的房屋绘制颜色和形状区分标识的散点图，如图 4-12 所示：

```
LNHP@ data[as.logical(LNHP@ data[,"TYPEDETCH"]),"ptype"] <-"独栋"
LNHP@ data[as.logical(LNHP@ data[,"TPSEMIDTCH"]),"ptype"] <-"联排"
LNHP@ data[as.logical(LNHP@ data[,"TYPEBNGLW"]),"ptype"] <-"排屋"
LNHP@ data[as.logical(LNHP@ data[,"TYPETRRD"]),"ptype"] <-"公寓"
LNHP@ data[is.na(LNHP@ data[,"ptype"]),"ptype"] <-"其他"
```

```
p<-ggplot(LNHP@ data, aes(x=FLOORSZ, y=PURCHASE,colour = ptype,
shape=ptype))
p+ geom_point()
```

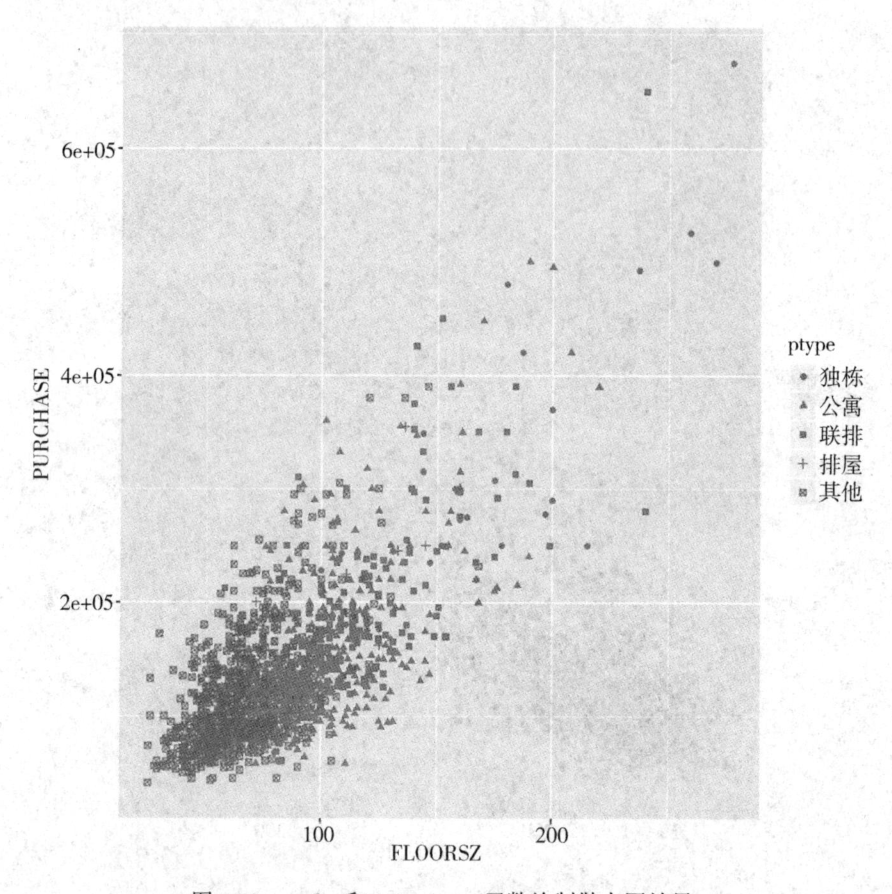

图 4-12 ggplot 和 geom_point 函数绘制散点图效果

此外，利用函数包 **ggplot2** 中的 geom_smooth 函数，能够非常便捷地添加变量间关系的拟合曲线，如图 4-13 中添加了线性回归分析拟合直线，图 4-14 中添加了局部加权回归散点平滑法(Locally weighted scatterplot smoothing，LOESS)拟合曲线。在添加拟合曲线的同时，默认添加了拟合结果对应的置信区间范围(如图 4-13 和图 4-14 中拟合曲线两侧深灰色区域)。请查阅函数包 **ggplot2** 的参考手册，尝试不显示拟合曲线的置信区间。具体实现代码如下：

```
p<-ggplot(LNHP@ data, aes(x=FLOORSZ, y=PURCHASE))
p+ geom_point(colour="red", shape=15) +geom_smooth(method=lm,se
=F)
p<-ggplot(LNHP@ data, aes(x=FLOORSZ, y=PURCHASE))
p+geom_point(colour="green",shape=3) +geom_smooth(method='loess')
```

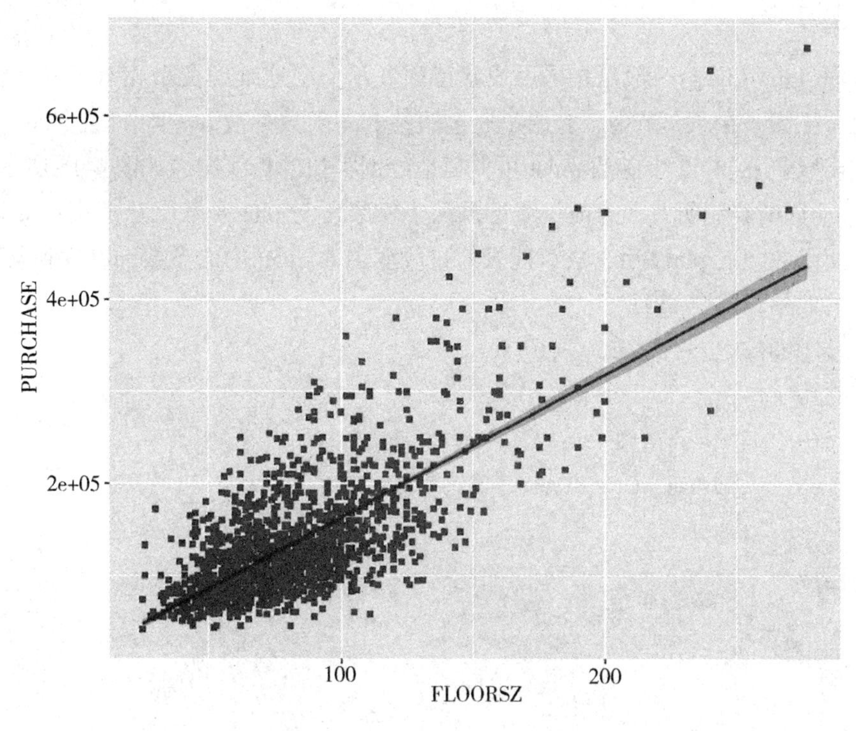

图 4-13 添加线性回归分析直线

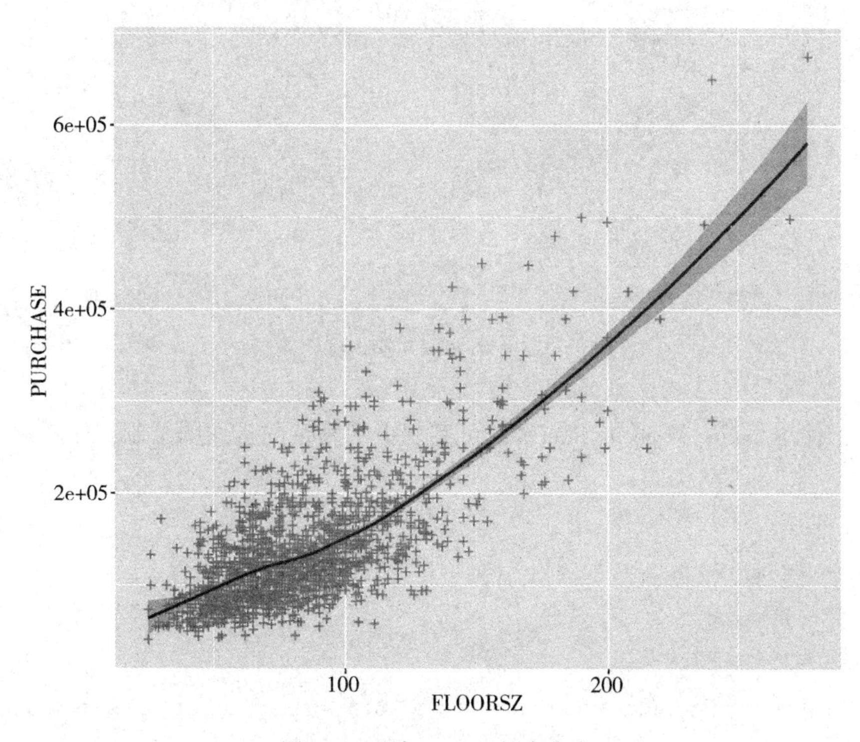

图 4-14 添加 LOESS 拟合曲线

4.3.2　折线图

折线图(Line Chart)一般是指采用线状特征展示一组连续型变量相对于另一组变量的值域变化特征图。在 4.2 节中，介绍了通过调整 plot 函数参数 type = "l" 或 type = " b" 绘制折线图。函数包 **ggplot2** 中函数 qplot 可便捷地绘制类似的折线图，如图 4-15 所示。注意，当函数 qplot 同时绘制折线和点时，线型默认为实线，与 plot 函数默认的虚线效果差异较大。请查阅函数包 **ggplot2** 后，尝试能否通过改变函数 qplot 中的参数，以达到与图 4-9 相同或接近的效果，代码如下：

```
x<-seq(0, 2 * pi, len=100)
y<-sin(x)+rnorm(100, 0, 0.1)
qplot(x, y, geom="line")
qplot(x, y, geom=c("line", "point"))
```

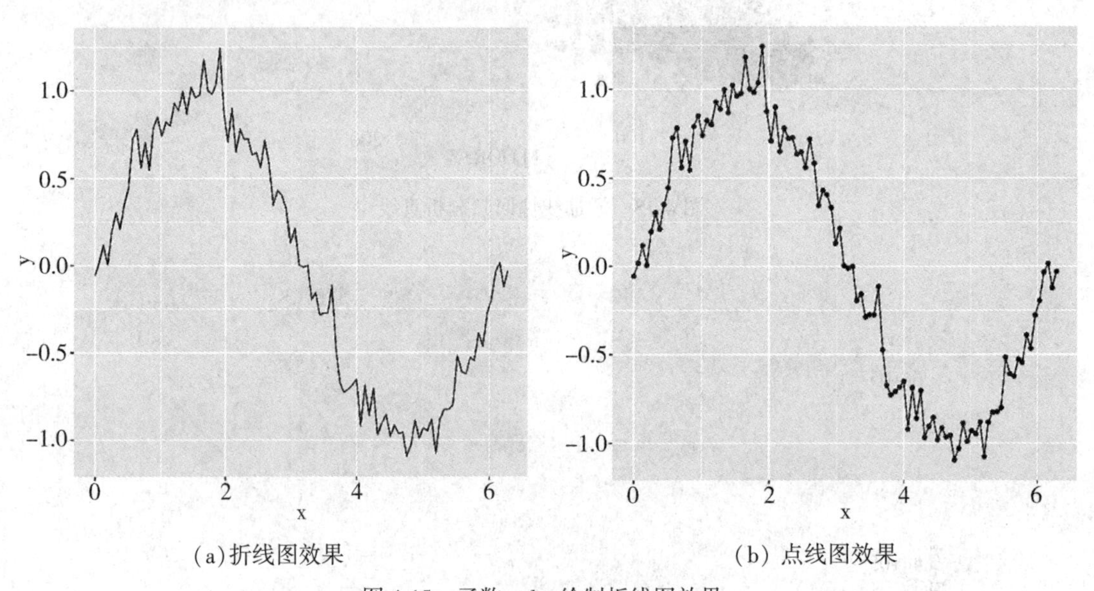

(a)折线图效果　　(b) 点线图效果

图 4-15　函数 qplot 绘制折线图效果

同时，使用 ggplot 和 geom_line 函数可实现更加复杂的折线图绘制，如图 4-16 所示，代码如下：

```
x<-1:100
log.1<-log(x)
log.2<-2 * log(x)
log.3<-3 * log(x)
log.df <- rbind ( data.frame ( values = log.1, types = " log.1 "),
data.frame(values=log.2, types="log.2"),data.frame(values=log.3,
```

```
types="log.3"))
    p<-ggplot(log.df, aes(c(x,x,x),y=values, linetype=types, colour
=types))
    p+ geom_line(size=2)
```

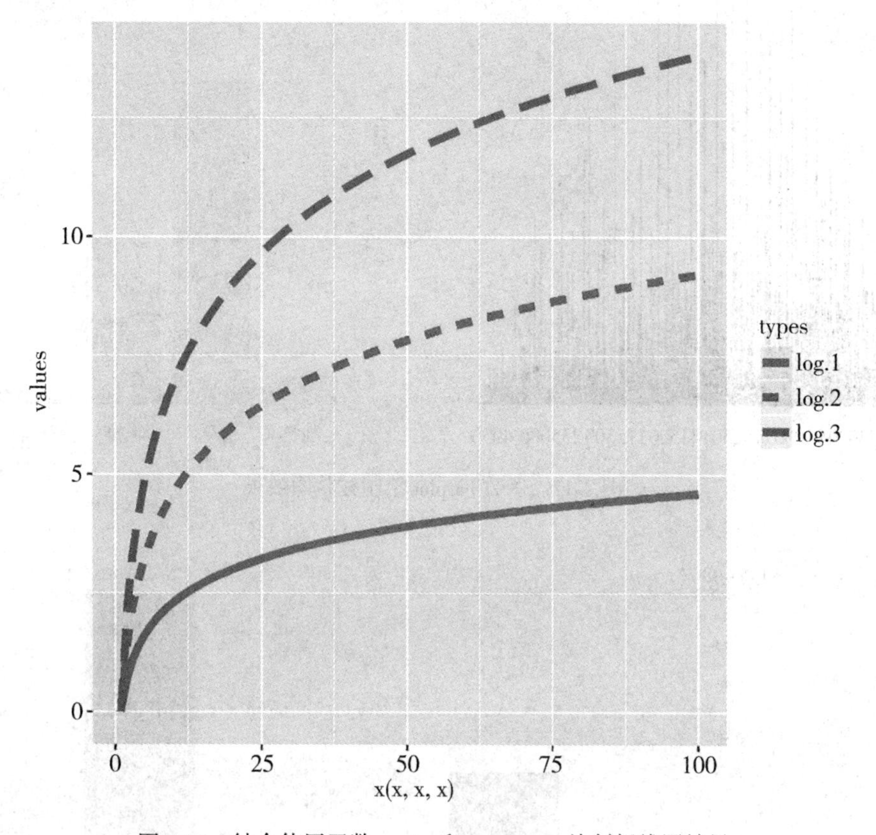

图 4-16 结合使用函数 ggplot 和 geom_line 绘制折线图效果

4.3.3 柱状图

柱状图(Bar Chart)是另一种常用的数据可视化方法，通常用于显示变量值域在一定区间或类别下的分布情况。**R** 中提供了绘制柱状图的基础函数 barplot，如图 4-17 中分别绘制了房价分布和房屋类别对应的柱状图，代码如下：

```
par(mfrow=c(1,2))
barplot(table(LNHP@ data[,"PURCHASE"]))
barplot(table(LNHP@ data[,"ptype"]))
```

将函数包 **ggplot2** 中函数 ggplot 和 geom_bar 结合使用，也能够便捷地绘制柱状图，代码如下，效果如图 4-18 所示：

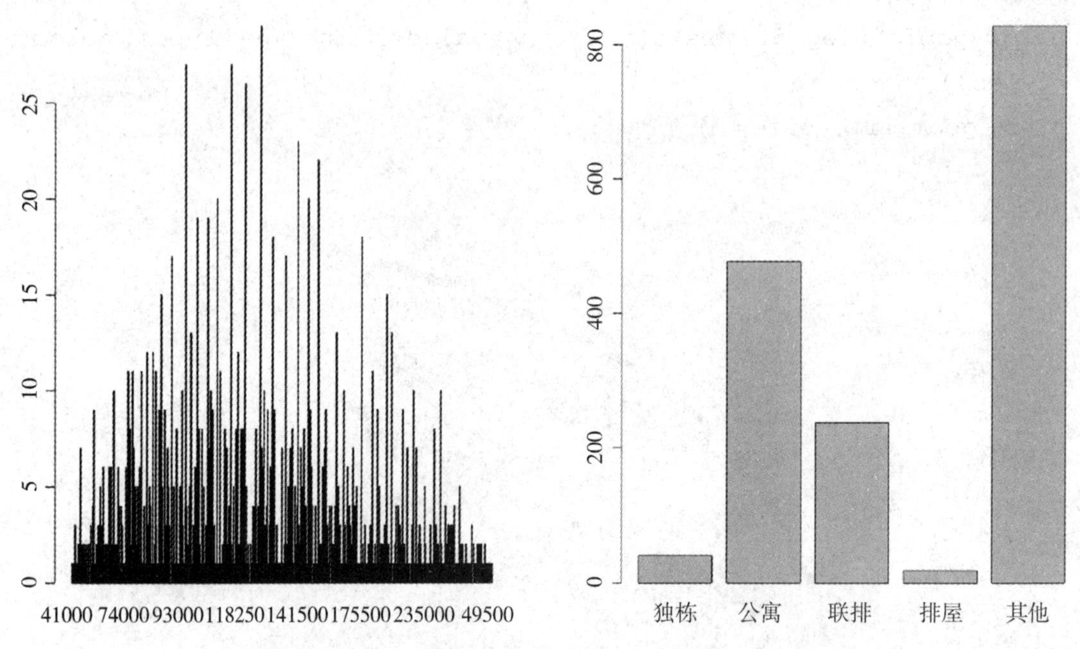

图4-17　函数barplot绘制柱状图效果

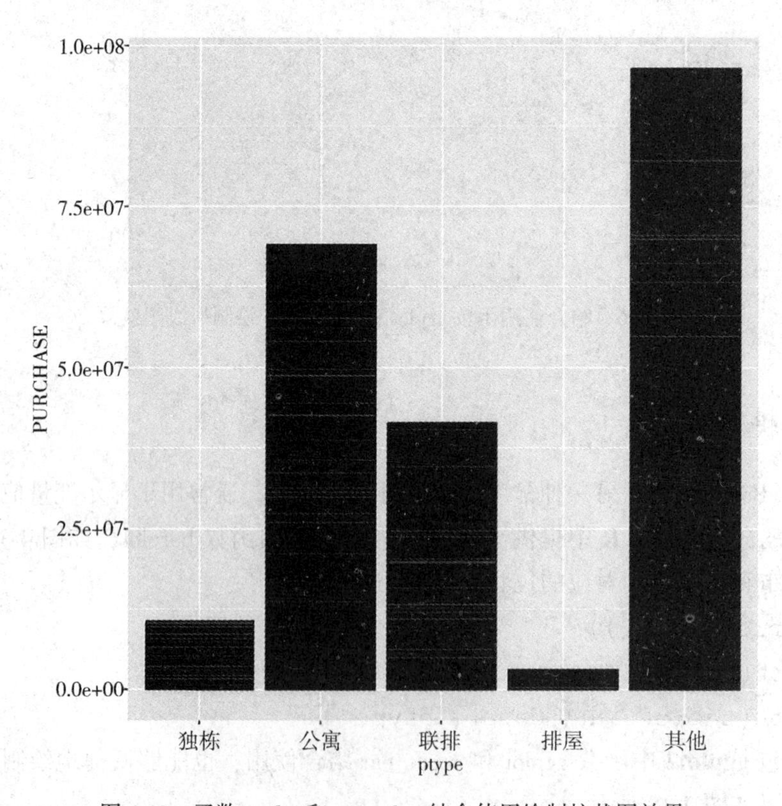

图4-18　函数ggplot和geom_bar结合使用绘制柱状图效果

```
p<-ggplot(LNHP@ data, aes(x=ptype, y=PURCHASE))
p+ geom_bar(stat="identity", colour="black")
```

4.3.4 箱线图

箱线图(Boxplot)是表达在不同分类情况下的变量值域分布的可视化手段。R 中提供了函数 boxplot，用来绘制箱线图，图 4-19 中展示了不同类别房屋对应价格的分布特征。具体实现代码如下：

```
boxplot(PURCHASE~ptype, data=LNHP@ data)
```

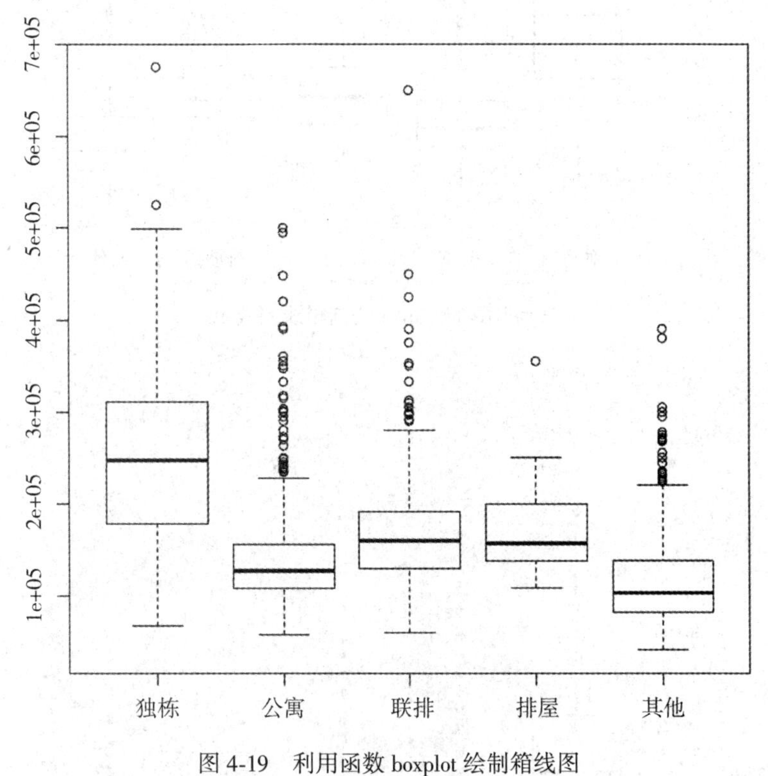

图 4-19 利用函数 boxplot 绘制箱线图

在函数包 **ggplot2** 中，使用函数 qplot，或者函数 ggplot 和函数 geom_boxplot 结合使用，也可获得箱线图，效果如图 4-20 所示。具体实现代码如下：

```
qplot(ptype,PURCHASE, data=LNHP@ data, geom="boxplot")
ggplot(LNHP@ data, aes(x=ptype, y=PURCHASE)) + geom_boxplot
(colour="red")
```

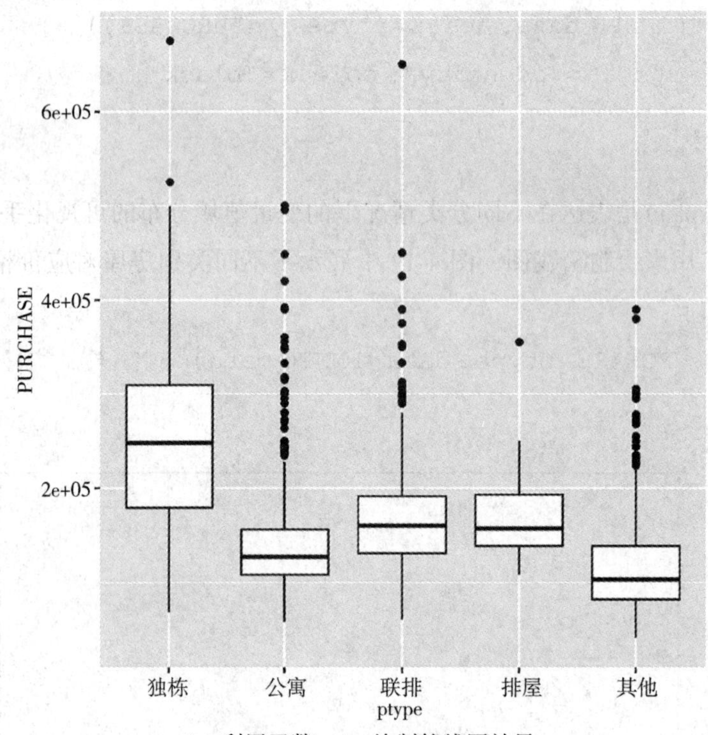

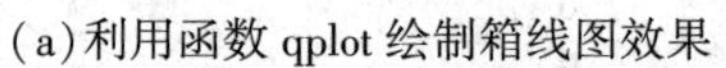
(a)利用函数 qplot 绘制箱线图效果

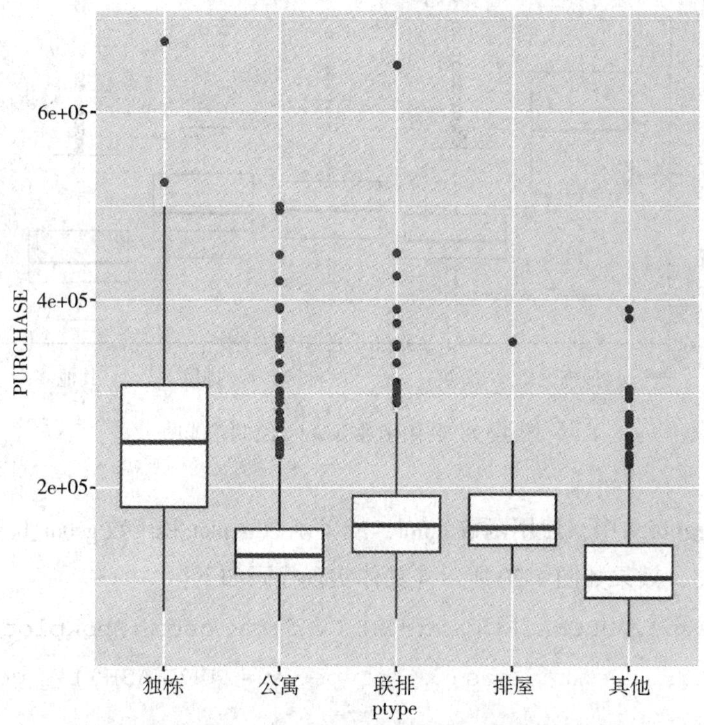

(b)利用函数 ggplot 和 geom_boxplot 结合绘制箱线图效果

图 4-20　函数包 **ggplot2** 绘制箱线图

4.4 多元数据可视化

有时候我们需要将多个图表整合到一块，进行更高维的可视化。此时，前面介绍的图形可视化工具就略显笨拙。**lattice** 函数包使用网格图形(Trellis)的思想，能够对多元数据进行高维可视化，在一个面板中即可显示一系列图形。下面，就让我们看看如何使用函数包 **lattice** 制作更丰富的可视化图表。

在函数包 **lattice** 中，所有的绘图函数都遵循如下基本格式：

```
graph_function(formula,data= ,options)
```

各个绘图函数参数作用见表 4-1。

表 4-1 **函数包 lattice 绘图函数参数表**

参数	描　述
graph_function()	某个绘图函数(histogram(), xyplot(), densityplot(), etc.)
formula	指定要展示的主要变量和条件变量
data	data.frame 型参数；指定数据源
options	用来修改图形的内容、摆放方式和标注

在进行高维可视化时，上述函数中的 formula 参数通常为如下形式：

$$y \sim x \mid a * b$$

其中，竖线(|)左边的变量称为主要变量，右边的变量称为条件变量(通常为因子)。formula 参数至少要有一个主要变量，而条件变量则是可选的。腭化符号(~)表明该项为 formula 参数，不可省略。没有条件变量时需要去掉竖线。可以使用星号(*)或者加号(+)添加条件变量。主要变量将变量映射到每个面板的坐标轴上，若添加一个条件变量，每个水平下都会创建一个面板。若添加多个条件变量，则会根据添加的变量各个水平的组合分别创建面板。

在图 4-21(a)中，每一个小矩形是一个 voice. part 因子，小矩形横坐标是 height 的值，纵坐标是这个值在这个水平下发生的概率。图 4-21(b)是密度分布图。

使用 **lattice** 函数包可以轻松地查看不同类别的房屋对应的价格分布，如图 4-21 所示，其中，每个小矩形对应一个房屋类别，小矩形的横坐标是房价值，纵坐标为在该类别下房价为该值的概率，实现代码如下：

```
histogram( ~ PURCHASE | factor(ptype), data = LNHP@ data)

dengraph<-densityplot( ~PURCHASE |ptype,data = LNHP@ data)
plot(dengraph)
update(dengraph,col = "red", lwd = 2)
```

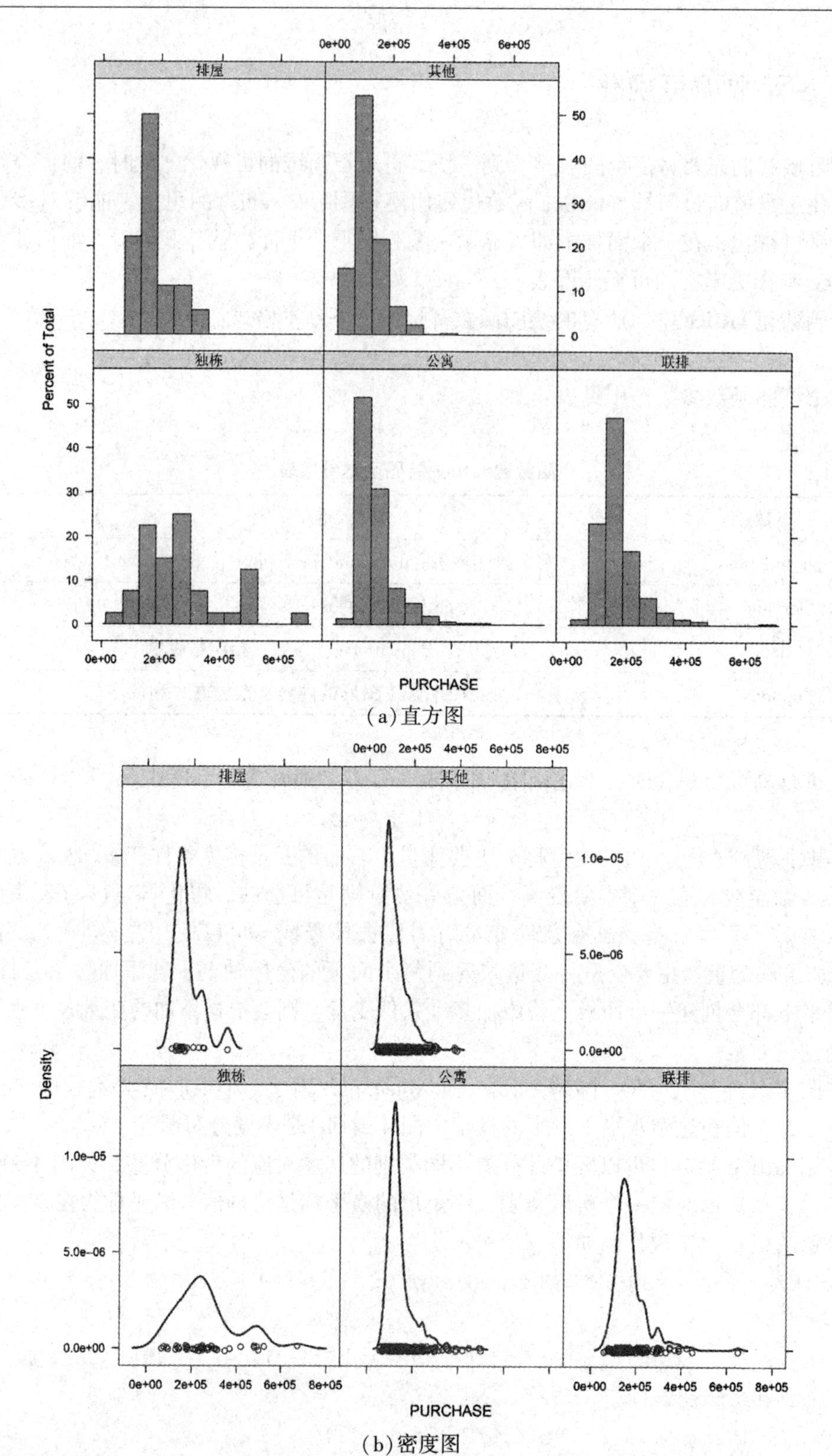

(a)直方图

(b)密度图

图 4-21　使用 **lattice** 函数显示不同类别房屋价格分布

前面可视化不同类别房屋价格分布时所用的条件变量是离散的，每个小矩形对应一个类别。但是如果条件变量为连续型变量，应该怎么做呢？

有如下两种解决方案：

①利用 **R** 自带的 cut( ) 函数将连续型变量转换为离散变量；

②利用 **lattice** 函数包将连续型变量转化为瓦块(shingle)数据结构的函数 equal. count(x，number=#，overlap=proportion)，即把连续型变量 x 分割到 number 各区间中，重叠度为 proportion，每个数值范围内的观测数相等，并返回一个 shingle。

使用 **ggplot2** 函数包自带的 diamonds 数据，观察不同重量下的钻石，其价格和钻石宽度的关系，如图 4-22 所示。具体实现代码如下：

```
attach(diamonds)
weight<-equal.count(diamonds $carat,number = 4,overlap = 0)
xyplot(price~ table |weight, data = diamonds, main = "Diamonds
Price vs Diamonds Table by Weight", xlab = "Diamonds Table", ylab =
"Diamonds Price", layout = c(4,1), aspect = 1.5)
```

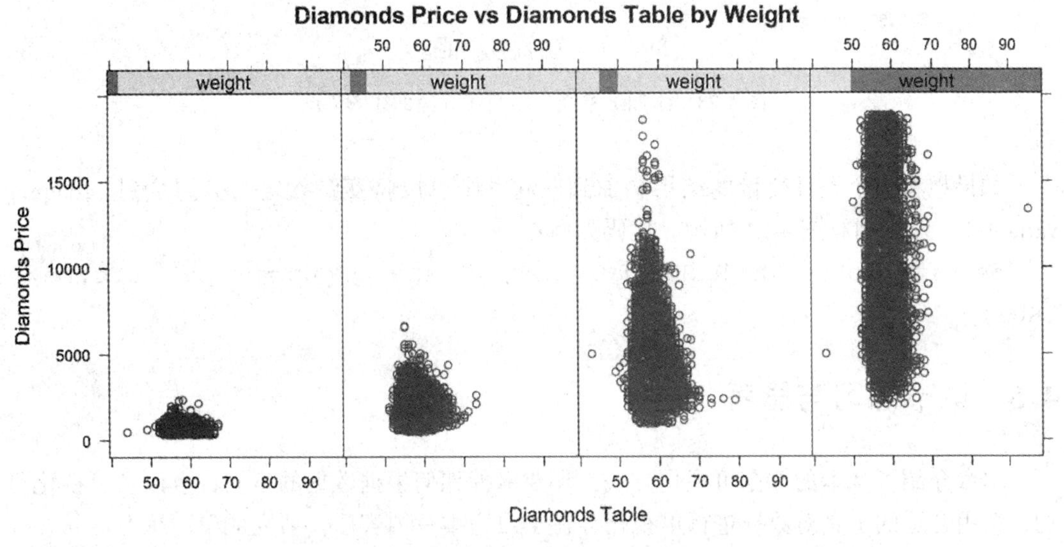

图 4-22　连续型条件变量可视化

配置图表的面板参数，可以对图表进行添加格网，改变显示样式，添加回归线等操作，如图 4-23 所示，现在可以明显看出，钻石的价格与宽度并无直接关系。具体实现代码如下：

```
mypanel<-function(x,y){
  panel.xyplot(x,y,pch = 23)
  panel.grid(h =-1, v =-1)
  panel.lmline(x,y,col = "red", lwd = 1,lty = 2)
}
```

```
xyplot(price~ table|weight, data = diamonds, panel=mypanel, main
= " Diamonds Price vs Diamonds Table by Weight ", xlab = " Diamonds
Table", ylab = "Diamonds Price", layout = c(4,1), aspect = 1.5)
```

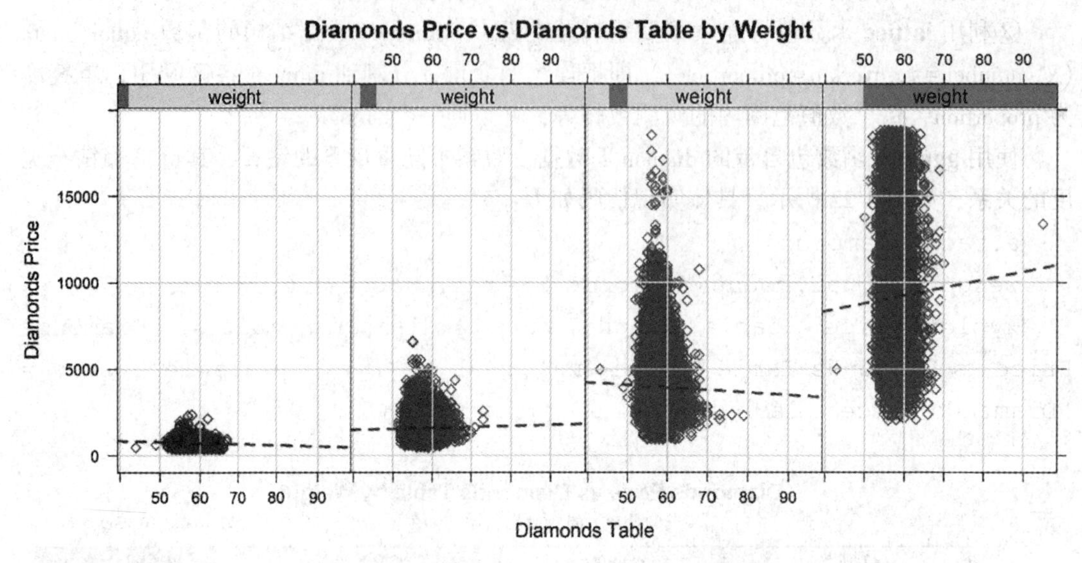

图 4-23　添加网格线、回归线等辅助线效果图

如果想将多个条件变量的结果叠加到一起，则可以将变量设定为分组变量(grouping variable)，效果如彩图 4-24 所示。代码如下：

```
densityplot(~PURCHASE, data=LNHP@ data, group=ptype, auto.key=
TRUE)
```

4.5　章节练习与思考

本章介绍了基本的数据可视化方式，需要掌握如何根据数据的不同特点以及可视化目的，选用合适的工具对数据进行可视化。在学习完本章内容后，请完成以下练习：

①针对本章的每一个可视化图件，结合文中示例代码，通过调整函数参数或其他可视化函数，制作表现主题一致但展示不同的可视化图件。

②请采用本章所介绍的基础可视化方法，对 LNHP 数据中价格、房屋面积、类型、年代等要素进行探索性分析，总结其中存在的关联关系。

③请读者了解 **lattice** 函数包中三维可视化函数(自行查询帮助文档)，如 contourpolt、levelpolt、cloud 等，并进行三维可视化的相关实践尝试。

第5章 R语言空间数据表达与可视化

在空间数据处理和分析过程中，制作精良的地图可视化图件是非常重要的一项技能。本章将介绍如何利用 **R** 中的一些函数包工具，进行空间数据的基础表达与可视化。

5.1 章节 R 函数包准备

5.1.1 GISTools

函数包 **GISTools**(https://cran.r-project.org/package=GISTools)是由 Chris Brunsdon 和 Hongyan Chen 开发和维护的，它提供了多个常用的地图制图和空间数据处理工具，特别针对专题地图提供了图例、指南针、比例尺等制图要素的制作函数，以及多个图层情况下的综合制图功能。

5.1.2 raster

函数包 **raster** 是由 Robert J. Hijmans 等人开发和维护的(https://cran.r-project.org/package=raster)，它提供了丰富的空间栅格数据或影像数据的工具函数，包括文件读写、对象创建、处理、分析和建模等，功能非常强大和齐全。它虽不是本书介绍的重点，但值得读者们在课余之时进行学习与掌握。

5.1.3 recharts

函数包 **recharts** 是由 Yang Zhou 和 Taiyun Wei 开发的，Yihui Xie 加以修改，是百度 ECharts2① 的 **R** 语言接口，基于 Echarts3 的 **recharts2** 函数包仍在开发中。因为函数包 **recharts** 没有在 CRAN 上线，所以需要通过 github 进行下载安装(https://github.com/madlogos/recharts)，要求 **R** 版本大于3.2.0，并且需要事先安装好 **devtools**② 和 **ggthemes**③ 函数包。

5.1.4 REmap

函数包 **REmap** 是由 Dawei Lang 开发和维护的(https://github.com/lchiffon/REmap)，

---

① ECharts 是一款开源、功能强大的数据可视化产品，由百度团队开发，目前最新版本为 ECharts3，下载地址为 http://echarts.baidu.com/.

ECharts2，下载地址为 http://echarts.baidu.com/echarts2/index.html.

② 函数包 **detools** 的下载地址为 https://cran.r-project.org/package=devtools.

③ 函数包 **ggthemes** 的下载地址为 https://cran.r-project.org/package=ggthemes.

也是基于百度 ECharts 的 **R** 函数包。但是 **REmap** 函数包更专注于使用在线地图数据进行可视化，并且其还支持通过百度 API 自动获取城市的经纬度数据。该函数包也需要通过 github 网站进行下载：

5.1.5 leafletR

函数包 **leafletR** 是由 Christian Graul 等人开发和维护的(https：//cran. r-project. org/package=leaflets)，是 leaflets① 的 **R** 语言接口。**leaflet R** 函数包提供了基本的在线地图(如 Google Map、OpenStreetMap)可视化功能，支持地图的缩放和拖曳等操作。它还可以与不同来源的数据结合，进行叠加可视化。其支持的数据源包括瓦片地图、矢量数据、标注数据以及 GeoJSON 数据，等等。在本章的学习过程中，按照以上函数包，并在 **R** 中载入它们：

```
install.packages("GISTools")
install.packages("raster")
install.packages("devtools")
install.packages("ggthemes")
library(ggthemes)
library(devtools)
install_github("madlogos/recharts")
install_github('lchiffon/REmap')
install.packages("leaflets")

library(ggplot2)
library(GISTools)
library(raster)
library(recharts)
library(REmap)
library(leaflets)
```

5.2 空间对象可视化

空间数据处理与分析过程中，一个主要的特点就是对空间对象进行可视化，制作精美的地图图件。在 **R** 中提供了便捷的空间对象可视化函数，如基础的 plot 函数，在第 3 章中为了展示部分空间数据操作与处理的结果，已多次使用它对空间数据对象进行可视化。本节将系统介绍更多空间对象的可视化方法。

虽然在第 3 章中展示了采用 plot 函数的基本可视化操作，但缺少指南针、比例尺等地

① 最受欢迎的开源交互式 Javascript 在线地图库：http：//leafletjs. com/.

图制图要素，并且没有进行刻意配色。同样，利用 LondonBorough 空间数据，按照同样的步骤将数据读入系统，并载入所需的函数包 **rgeos**，代码如下：

```
require(rgeos)
LN.bou<-readShapePoly("LondonBorough", verbose=T,proj4string =
CRS("+init=epsg:27700"))
```

通过制作一个单独的伦敦市行政边界，与原有的 LondonBorough 数据进行叠加显示，并修改配色方案和轮廓线宽度，可实现如图 5-1 所示的效果，相较于图 3-21(b)明显有了很大改善。实现代码如下：

```
LN.outline<-gUnaryUnion(LN.bou, id = NULL)
plot(LN.bou, col="red", bg = "skyblue", lty=2, border = "blue")
plot(LN.outline, lwd=3, add=T)
title(main="The boroughs of London", font.main=2, cex.main=1.5)
```

The boroughs of London

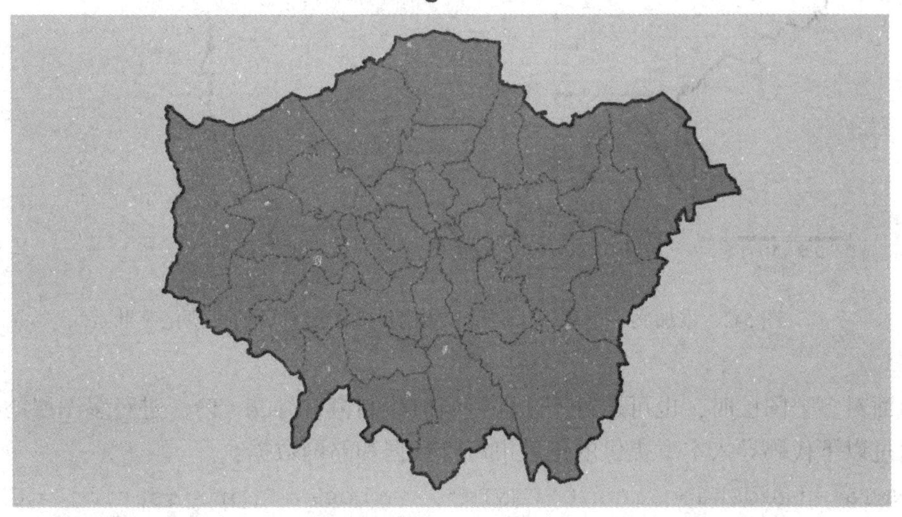

图 5-1 LondonBorough 空间数据可视化示例

函数包 **GISTools** 中提供了函数 pointLabel、map. scale 和 north. arrow，分别用于在图件中添加文字标注、比例尺和指南针，以下代码可在之前图件中添加对应制图元素，效果如图 5-2 所示：

```
plot(LN.bou, col="white", lty=2, border = "blue")
plot(LN.outline, lwd=3, add=T)
coords<-coordinates(LN.bou)
pointLabel(coords[,1], coords[,2], LN.bou@ data[,"NAME"], doPlot
=T, cex=0.5)
map.scale(511000,155850,miles2ft(2),"Miles",4,0.5)
```

```
north.arrow(561000,201000,miles2ft(0.25),col="lightblue")
title(main="The Map of London", font.main=2, cex.main=1.5)
```

图5-2 添加文字标注、比例尺和指南针制图要素后的可视化效果

当面对多个图层时，也可通过不断保持当前绘制窗口(add=T)，进行多图层的叠加显示。通过以下代码导入本章提供的伦敦市房价数据和路网数据：

```
LNNTa<-readShapeLines("LNNTa", verbose=T,proj4string = CRS("+init=epsg:27700"))
LNHP<-readShapePoints("LNHP", verbose=T,proj4string = CRS("+init=epsg:27700"))
```

通过对伦敦市行政区划数据、路网数据和房价数据的叠加显示，可制作地理信息综合地图图件，效果如图5-3所示。另外，还可以修改代码中的对应参数，制作出个性化地图：

```
plot(LN.bou, col="white", lty=1,lwd=2, border = "grey40")
plot(LN.outline, lwd=3, add=T)
plot(LNHP, pch=16, col="red", cex=0.5,add=T)
plot(LNNTa, col="blue",lty=2, lwd=1.5,add=T)
map.scale(511000,155850,miles2ft(2),"Miles",4,0.5)
```

```
north.arrow(561000,201000,miles2ft(0.25),col="lightblue")
title(main=" The sold properties and road network of London",
font.main=2, cex.main=1.5)
```

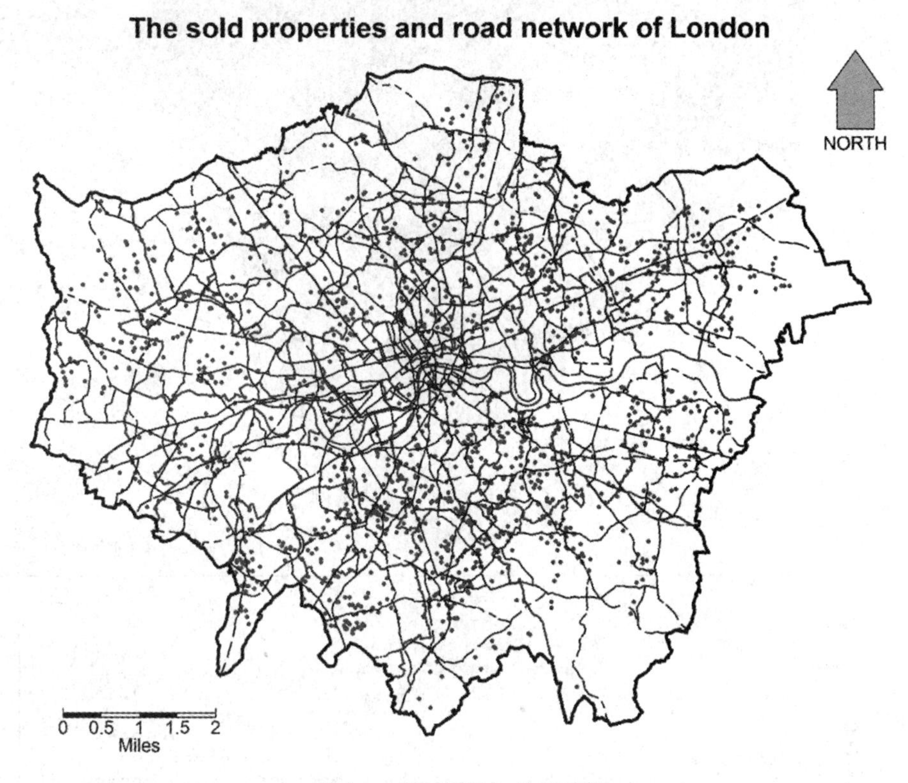

图 5-3 多图层叠加显示示例

针对空间栅格数据，本书不再做重点介绍，此处通过函数包 **raster** 中的 raster 和 rasterize 函数对伦敦市行政边界进行栅格化，得到 SpatialGridDataFrame 和 SpatialPixelsDataFrame 空间栅格对象，利用 image 函数可实现其可视化，如图 5-4 所示，其单元格对应关系如图 5-5 所示。实现代码如下：

```
require(raster)
LN.lat<-raster(nrow=30, ncol=60, ext=extent(LN.bou))
LN.lat<-rasterize(LN.bou, LN.lat, "NAME")
LN.gr<-as(LN.lat, "SpatialGridDataFrame")
LN.p<-as(LN.lat, "SpatialPixelsDataFrame")
image(LN.gr, col= brewer.pal(7, "Paired"))
plot(coordinates(LN.p), cex=1, pch=1, col=LN.p$layer)
plot(LN.bou, border="grey", lwd=1.5, add=T)
```

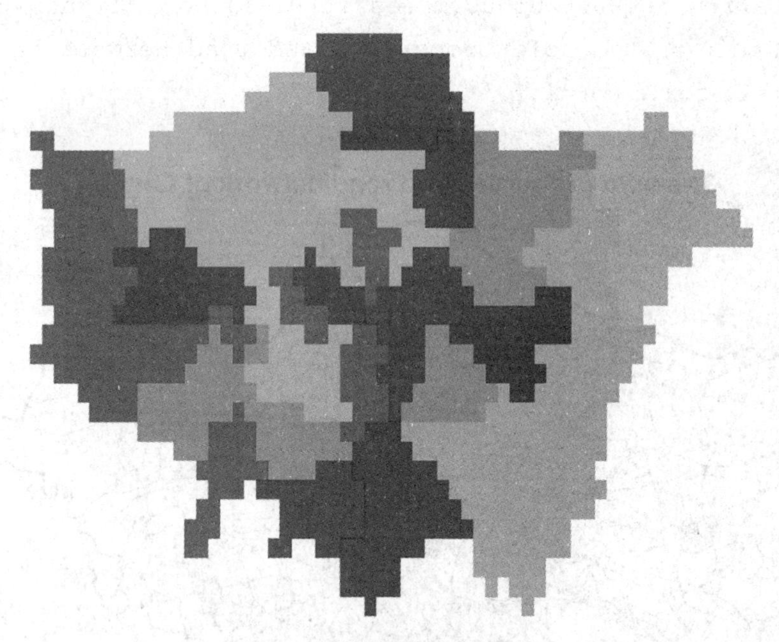

图 5-4　栅格数据可视化示例

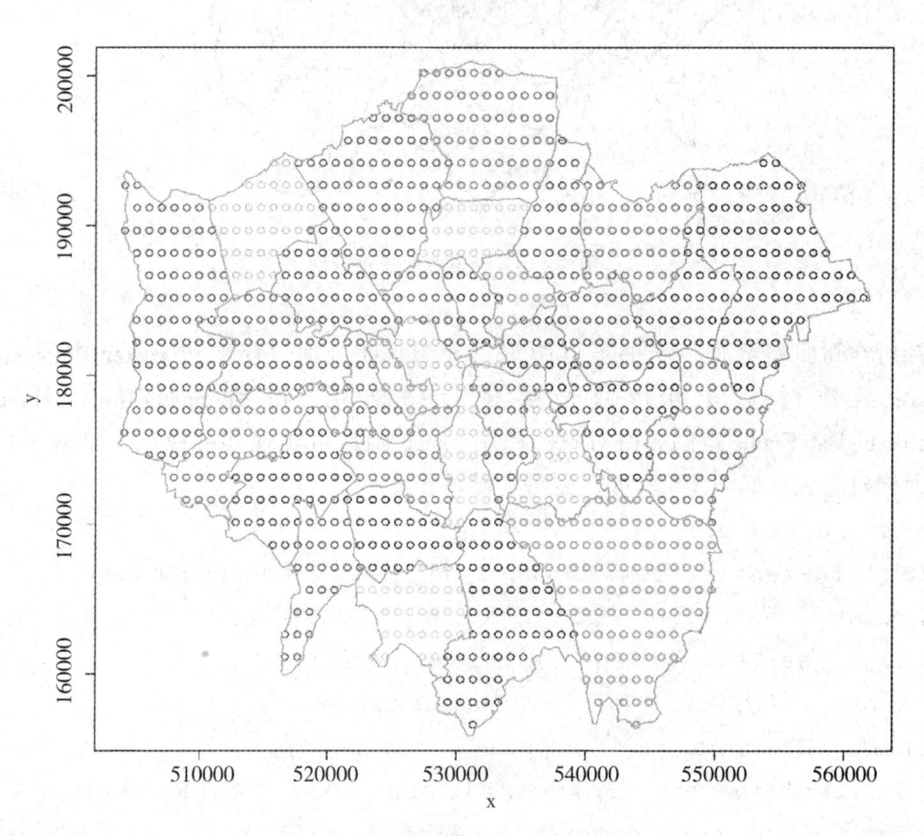

图 5-5　栅格数据单元格对应关系

5.3 空间属性数据可视化

在探索和分析空间数据的过程中，通常需要属性数据与空间对象进行综合可视化，如专题图件制作。本节将介绍如何在 **R** 中对空间属性数据进行可视化。利用基础 plot 函数可实现属性数据在空间上的表达，结合 legend 函数添加对应的图例。如图 5-6 所示，针对伦敦市房价数据 LNHP 中的 FLOORSZ 属性(房屋面积)，通过点的大小表现其对应的面积大小，并采用 legend 函数对代表面积分别为 50、100、150、200 和 250 平方米的点大小进行了标注说明。

```
plot(LN.bou, col="white", lty=1,lwd=2, border = "grey40")
plot(LNHP, pch=1, col="red", cex=LNHP$FLOORSZ/100,add=T)
legVals<-c(50, 100, 150, 200, 250)
legend( "bottomright", legend = legVals, pch = 1, col = "red",
pt.cex = legVals/100, title = "Floor size")
```

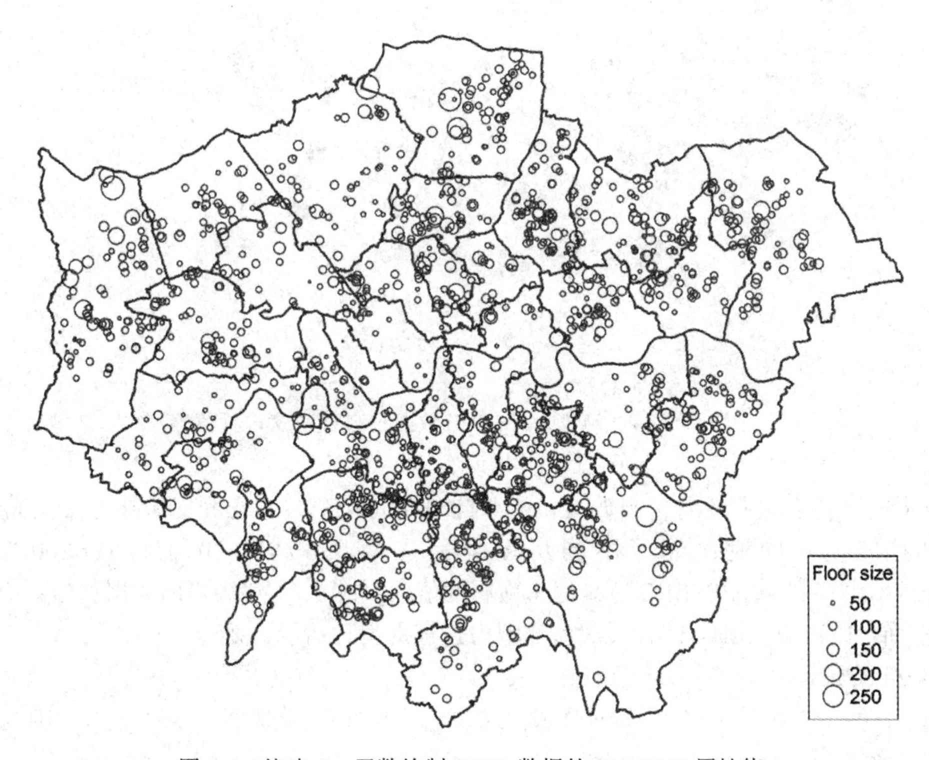

图 5-6 基础 plot 函数绘制 LNHP 数据的 FLOORSZ 属性值

基础 plot 函数的绘制过程实质上利用了其基本的绘图功能，通过改变其对应的绘图参数(如填充、线型、形状、颜色和大小)达到空间属性数据专题绘制的目的。函数包 **sp** 提供了可视化函数 spplot，利用颜色对不同区间的空间属性值进行区分，如图 5-7 所示。具体代码如下：

```
mypalette<-brewer.pal(5, "Reds")
spplot(LNHP, "FLOORSZ", key.space = "right", pch = 16, cex = LNHP
$FLOORSZ/100, col.regions = mypalette, cuts=6)
```

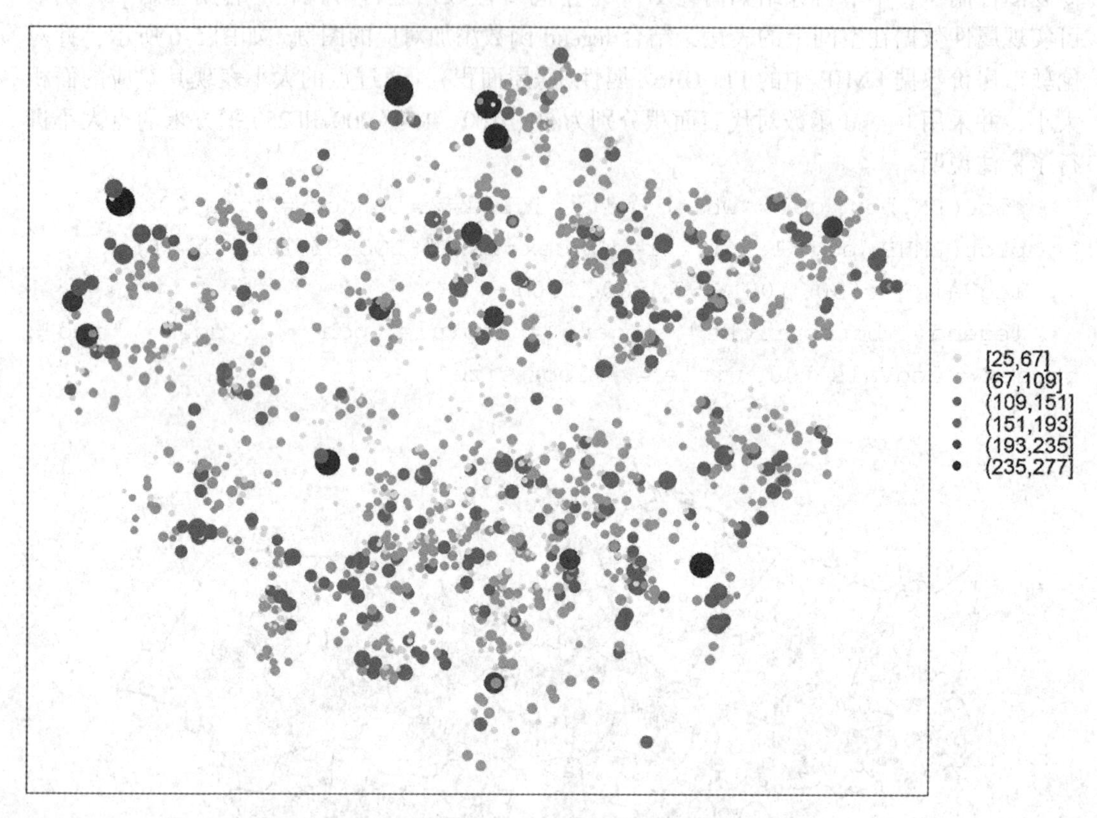

图 5-7　spplot 函数绘制 LNHP 数据的 FLOORSZ 属性值

在同时赋值多项属性时，函数 spplot 可自动在同一个绘制媒介对象中绘制对应属性项，如图 5-8 中同时绘制了不同房屋类型属性（“TYPEDETCH”“TPSEMIDTCH”“TYPEBNGLW”和“TYPETRRD”），每一项属性值为 0 或 1，1 代表当前数据点为对应类型的房屋(如“TYPEDETCH=1”代表房屋类型为独栋别墅)。代码如下：

```
mypalette<-brewer.pal(3, "Reds")
spplot ( LNHP,  c (  " TYPEDETCH ",   " TPSEMIDTCH "," TYPEBNGLW ",
"TYPETRRD"),key.space = "right", pch=16,col.regions =mypalette,cex
=0.5,cuts=2)
```

注意，虽然值为 0、1，但在图 5-8 中的右侧图例仍然是划分了两个区间[0, 0.5]和(0.5, 1]，这说明函数 spplot 会将属性项默认为连续型数值变量进行处理的。此外，利用函数 spplot 对多个属性项一同可视化时，一般需要保证变量之间量纲一致，值域变化也较为近似。请读者思考这么做的原因是什么？如果量纲不同或者值域变化差异过大，会出现什么情况呢?

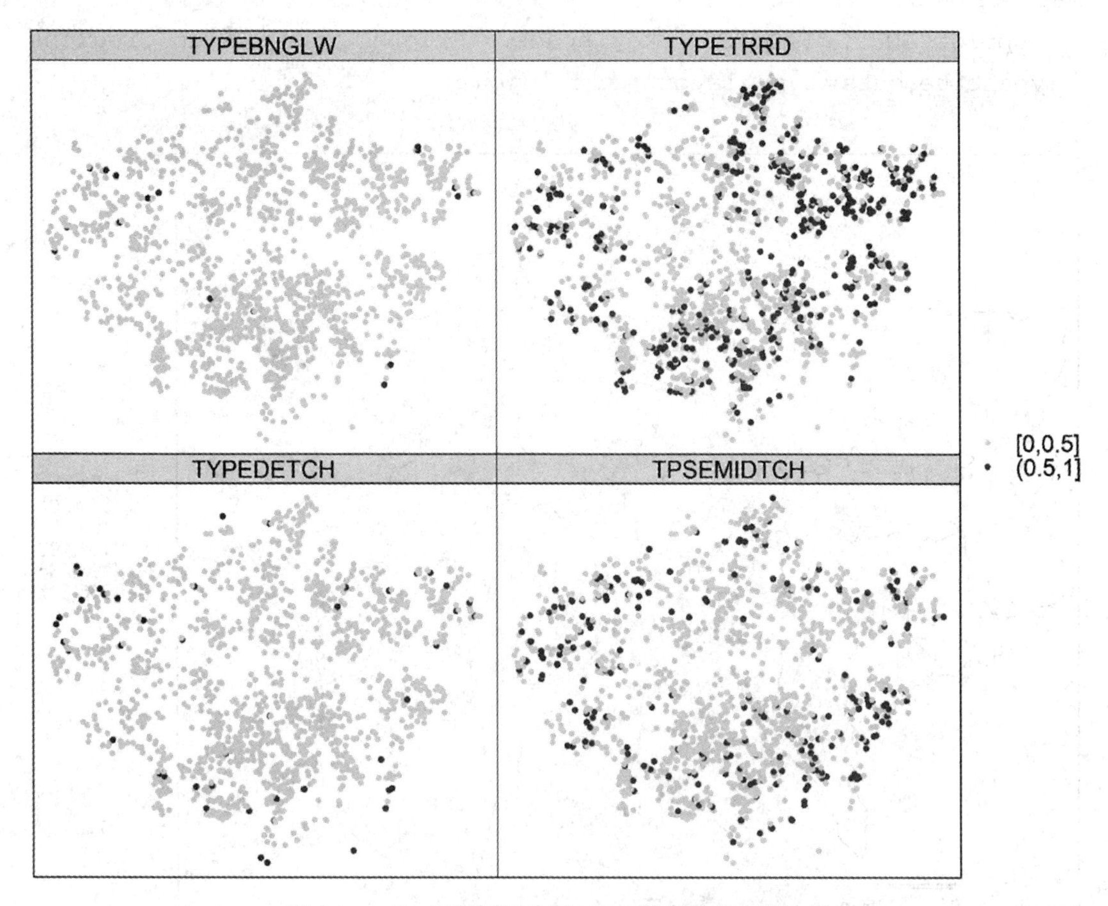

图 5-8　spplot 函数同时绘制 LNHP 数据的多个属性值

在使用函数 spplot 绘制专题图的过程中，可通过参数 sp. layout 添加制图要素，如指南针、比例尺等，以及其他需综合显示的图层要素，效果如图 5-9 所示。具体代码如下：

```
mypalette<-brewer.pal(6, "Blues")
map.na = list ( " SpatialPolygonsRescale ", layout.north.arrow ( ),
offset = c(556000,195000), scale = 4000, col=1)
map.scale.1= list("SpatialPolygonsRescale", layout.scale.bar(),
offset = c ( 511000, 158000 ), scale = 5000, col = 1, fill = c ( "
transparent","green"))
map.scale.2= list("sp.text", c(511000,157000), "0", cex=0.9, col
=1)
map.scale.3= list( "sp.text", c(517000,157000), "5km", cex=0.9,
col=1)
LN_bou<-list("sp.polygons",LN.bou)
```

```
map.layout <- list (LN _ bou, map.na, map.scale.1, map.scale.2, map.scale.3)
spplot(LNHP, "FLOORSZ", key.space = "right", pch=16,col.regions =mypalette,cuts=6,sp.layout=map.layout)
```

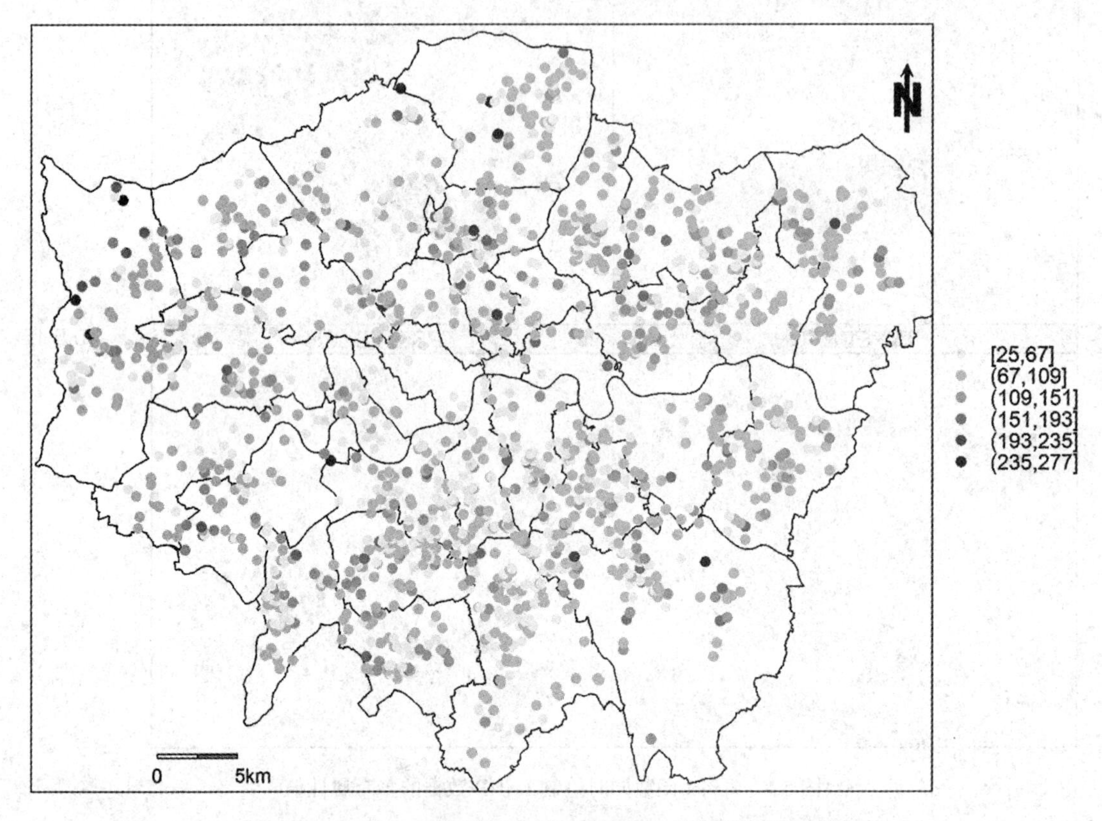

图 5-9　在 spplot 函数制图中添加指南针、比例尺和图层要素

在函数包 **GISTools** 中，提供了函数 choropleth，专门用于多边形数据对象(SpatialPolygonsDataFrame)的专题图制作，结合 auto. shading 函数用来定义值域区间划分和对应颜色，choro. legend 函数用来绘制对应的图例，效果如图 5-10 所示。具体代码如下：

```
LN.bou $AREA <-gArea(LN.bou, byid=T)/(1e+6)
shades<-auto.shading(LN.bou $AREA)
choropleth(LN.bou, LN.bou $AREA)
choro.legend(551000, 172000, shades)
map.scale(511000,155850,miles2ft(2),"Miles",4,0.5)
north.arrow(561000,201000,miles2ft(0.25),col="darkred")
```

图 5-10 基本沿用了函数 choropleth 的默认风格，读者也可自己灵活定义颜色与所呈现的区间个数，效果如彩图 5-11(蓝色主题)和彩图 5-12(绿色主题)所示。具体实现代码

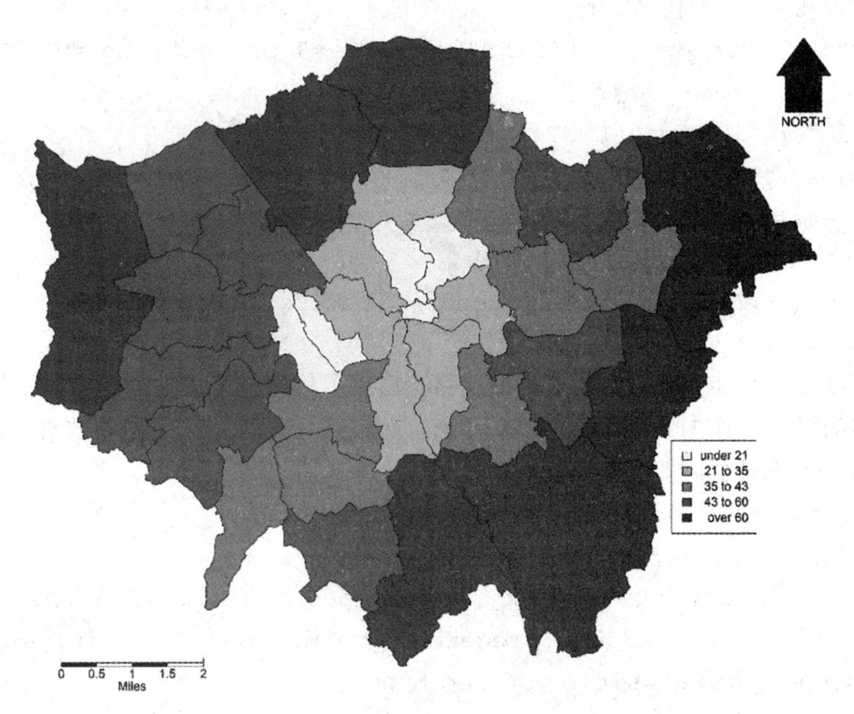

图 5-10 choropleth 函数制作专题图示例(默认风格)

如下:

```
shades.blue <- auto.shading ( LN.bou $AREA, cols = brewer.pal ( 6,
"Blues"))
choropleth(LN.bou, LN.bou $AREA, shading=shades.blue)
choro.legend(551000, 172000, shades.blue)
map.scale(511000,155850,miles2ft(2),"Miles",4,0.5)
north.arrow(561000,201000,miles2ft(0.25),col="lightblue")

shades.green<-auto.shading(LN.bou $AREA, n = 7,cols = brewer.pal
(7, "Greens"),cutter=rangeCuts)
choropleth(LN.bou, LN.bou $AREA, shading=shades.green)
choro.legend(551000, 172000, shades.green)
map.scale(511000,155850,miles2ft(2),"Miles",4,0.5)
north.arrow(561000,201000,miles2ft(0.25),col="green")
```

注意，auto.shading 函数所提供的区间分割功能和颜色体系选取也可用于其他类型的空间数据对象的专题图可视化。请读者针对前面的例子，采用 auto.shading 函数进行颜色分配，制作新的关于 LNHP 数据专题图件。

针对线数据对象，在 **R** 中也能够便捷地进行可视化，如彩图 5-13 所示对伦敦市路网中的 A 类(“a”)、B 类(“b”)、高速公路(“Mo”)和小型道路(“Mi”)四类道路进行分类可视化。实现此类效果的代码如下：

```
LNNT<-readShapeLines("LNNT", verbose=T,proj4string = CRS("+init
=epsg:27700"))
road.type<-unique(LNNT $RoadType)
shades<-brewer.pal(4, "Dark2")
idx<-match(LNNT $RoadType, road.type)
plot(LNNT, col=shades[idx])
legend( "bottomright", legend = road.type, lty = 1, col = shades,
title = "Road type")
```

在彩图 5-13 中，由于存在大量小型道路，出现了信息过度表达的现象，影响了其他类型道路的展示。通过改变线型和宽度，结合原有的颜色特征，对它进行改善，效果如彩图 5-14 所示。具体代码如下：

```
ltypes<-c(1,1,3,1)
lwidths<-c(1,1.5,0.2,2)
plot(LNNT, col=shades[idx],lty=ltypes[idx],lwd=lwidths[idx])
legend(551000, 172000, legend = road.type, lty = ltypes, lwd =
lwidths,col=shades, title = "Road type")
```

5.4　交互式数据可视化

对数据进行可视化时，让可视化图表动起来，使其具有交互性，将会对数据分析有极大的帮助。函数包 **recharts** 可以调用百度 ECharts Javascript 库制作交互式图表，函数包 **REmap** 可以直接调用在线的百度地图进行可视化，函数包 **leafletR** 可以通过调用在线地图以及叠加其他数据图层进行多层次的可视化。本节将介绍如何利用 **R** 调用 Javascript 图表库进行交互式的数据可视化。

函数包 **recharts** 中的主要绘图函数 echartr( )基本遵循以下格式：

```
echartr(data, x, y, series, weight, facet, t, lat, lng, type,
subtype, ...)
```

各个参数作用见表 5-1。

表 5-1　**函数包 recharts 绘图函数参数表**

参数	描　述
data	dataframe 型参数；指定数据源
x	时间、数值或文本型参数；自变量，data 的一列或多列
y	数值型参数；因变量
Series	分组变量，data 的某一列，进行运算时被视作因子；作为数据系列，映射到图例

续表

参数	描　述
weight	权重变量，在气泡图、线状图、柱状图中与图形大小关联
facet	分面变量，data 的某一列，进行运算时被视为因子；适用于多坐标系，facet 的每个水平会生成一个独立的分面
t	时间轴变量；一旦指定 t 变量，就会生成时间轴组件
lat	纬度，用于地图/热力图
lng	经度，用于地图/热力图
type	图类型，默认为“auto”。type 作为向量传入时，映射到 series 向量；作为列表传入时，映射到 facet 向量
subtype	图亚类，默认为“NULL”。subtype 作为向量传入时，映射到 series 向量；作为列表传入时，映射到 facet 向量

函数包 **REmap** 中的主要绘图函数有三个，详见以下内容：

①remapH(data，maptype，theme，blurSize，color，minAlpha，opacity，…)：用于绘制热力图；

② remapB (center， zoom， color， markLineData， markPointData， markLineTheme，markPointTheme，geoData，…)：可直接调用百度地图 API，可用于绘制方位图或迁徙图；

③remapC(data，maptype，color，theme，maxdata，mindata，… maxdata)：用于绘制分层设色专题图。

各个参数作用见表 5-2。

表 5-2　**函数包 REmap 绘图函数参数表**

函数	参数	描　述
公共部分	data	数据源
	maptype	地图类型：世界、中国、省份
	theme	地图主题
	color	地图颜色；remapB 函数中指主题颜色，同 theme
remapH	blurSize	热力效果范围，remapH 函数专有
	minAlpha	阈值
	opacity	透明度
	lat	纬度，用于地图/热力图
	lng	经度，用于地图/热力图

续表

函数	参数	描　述
remapB	center	地图打开时所处位置
	zoom	地图缩放比例
	markLineData	标记线数据源
	markPointData	标记点数据源
	markLineTheme	标记线风格
	markPointTheme	标记点风格
	geoData	添加的地理空间数据源(经纬度)
remapC	maxdata	分层设色的最大值
	mindata	分层设色的最小值

注意，这两个函数包的结果都将以 html 的方式输出，可以通过浏览器对可视化结果进行查看。本节图表都具有动态交互性，最好的查看方式是在浏览器中打开结果网址，与可视化图表进行实时交互。

输入以下代码，可以实现对 ECharts 进行简单调用：

```
echartr(LNHP@ data, FLOORSZ, PURCHASE) % >%
    addMP(series=1, data=data.frame(name='Max', type='max'))
```

如图 5-15 所示，ECharts 支持区域缩放等交互操作，且添加的最大值标记会根据不同的区间，实时刷新。

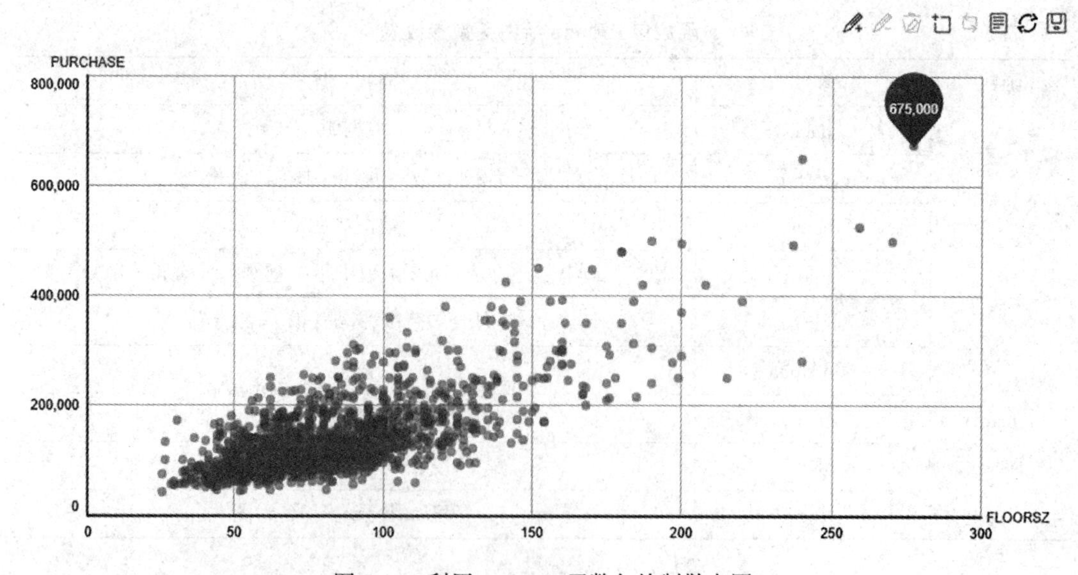

图 5-15　利用 **recharts** 函数包绘制散点图

recharts 函数包也可以使用地图进行可视化，图 5-16 展示了将热力图叠加到地图上进行可视化的效果，实现代码如下：

```
heatmap <-sapply(1:15, function(i){
  x <-100 + runif(1, 0, 1) * 10
  y <-24 + runif(1, 0, 1) * 15
  lapply(0:floor(50 * abs(rnorm(1))), function(j){
    c(x+runif(1, 0, 1)*3, y+runif(1, 0, 1)*2, runif(1, 0, 1))
  })
})
heatmap <-data.frame(matrix(unlist(heatmap), byrow=TRUE, ncol=
3))
echartr(NULL, type='map_world') %>% addHeatmap(data=heatmap)
```

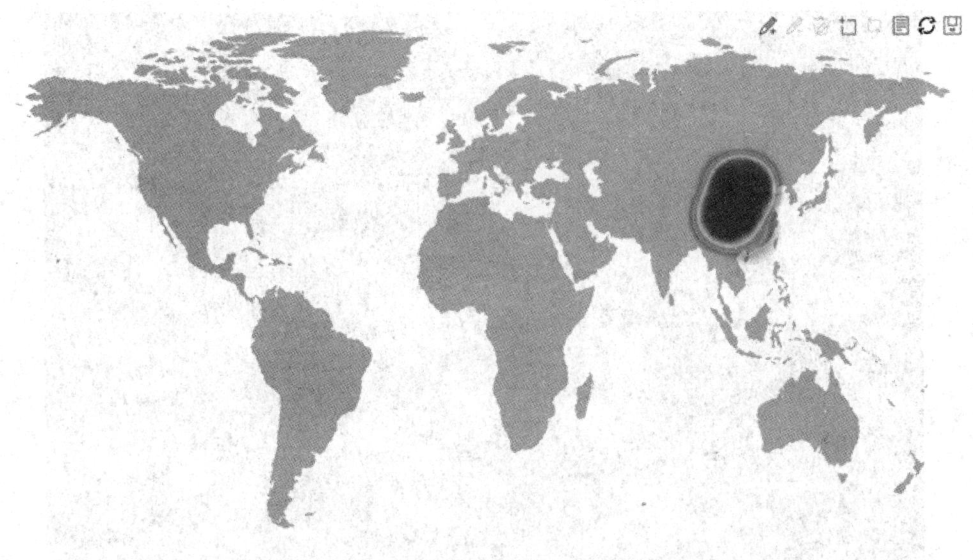

图 5-16　热力图与地图叠加显示效果图

通过实践不难发现，**recharts** 函数包对散点图、折线图、玫瑰图等可视化图表的支持非常完善，但是在地图可视化方面，存在地图数据缺乏、可视化代码复杂等不足。在地图可视化方面，**REmap** 函数包更能胜任。

对比之前使用 **recharts** 函数包生成的热力图，**REmap** 可以实现更美观的可视化方案，如图 5-17 所示。实现代码如下：

```
cities<-mapNames("hubei")
cities
```

```
city_Geo<-get_geo_position(cities)
percent<-runif(17,min=0.1,max = 0.99)
data_all<-data.frame(city_Geo[,1:2],percent)
result<-remapH(data_all,
               maptype= "湖北",
               title= "湖北省××热力图",
               theme= get_theme("Dark"),
               blurSize= 50,
               color= "red",
               minAlpha= 8,
               opacity= 1)
result
```

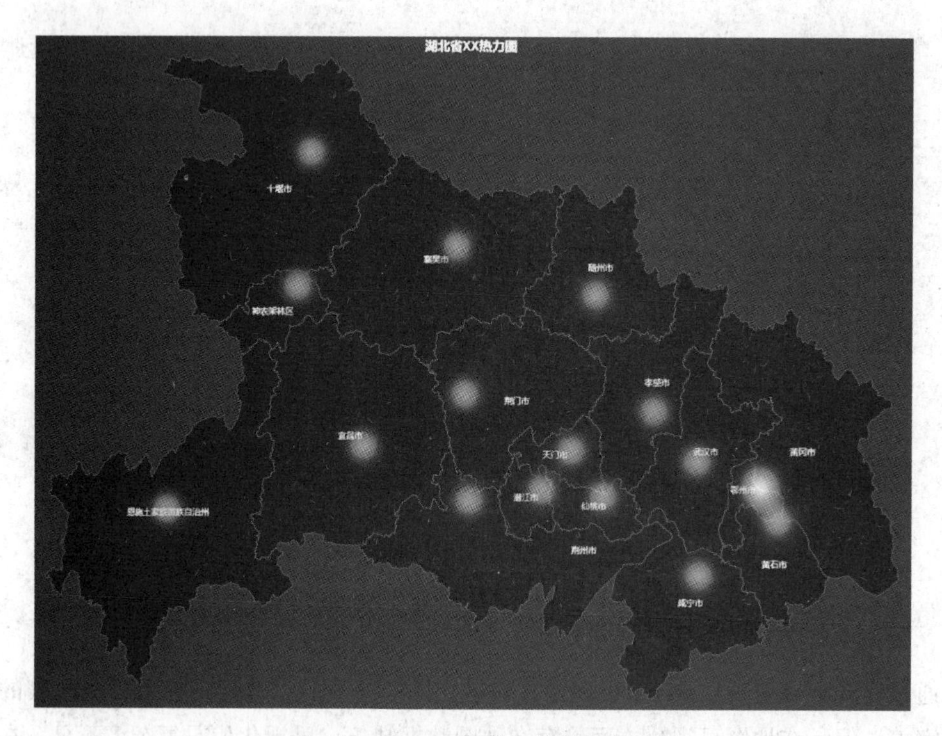

图 5-17　**REmap** 函数包绘制热力图

remapB 函数可以直接调用百度地图，支持地图缩放、拖曳，可视化主要以标线与标点的形式做出，适合用来制作迁徙图和表明位置的方位图，试运行如下代码：

```
remapB(get_city_coord("武汉"),zoom =12)
location<-data.frame(origin = rep('g 武汉', 12),
```

```
        destination=c('黄石','十堰','宜昌','襄阳',
        '鄂州','荆门','孝感','荆州','黄冈',
        '咸宁','随州','恩施'))
remapB(center=get_city_coord("武汉"),
        zoom = 8,
        title = "湖北地区迁徙图示例",
        color = "Blue",
        markLineData = location,
        markLineTheme = markLineControl(symbolSize = 0.3,
                    lineWidth = 12,
                    color = "white",
                    lineType = 'dotted'))

pointData= data.frame(geoData $name,
                    color= c(rep("red",10),
                            rep("yellow",50)))

names(geoData) = names(subway[[1]])
remapB(get_city_coord("上海"),
        zoom= 13,
        color= "Blue",
        title= "上海地铁一号线",
        markPointData= pointData,
        markPointTheme= markPointControl(symbol = 'pin',
                                    symbolSize= 8,
                                    effect= T),
        markLineData= subway[[2]],
        markLineTheme= markLineControl(symbolSize = c(0,0),
                                    smoothness= 0),
        geoData= rbind(geoData,subway[[1]]))
```

remapB 函数调用百度地图的效果如图 5-18 所示。

remapB 函数绘制迁徙图的效果如图 5-19 所示，绘制的上海地铁一号线效果如图 5-20 所示。

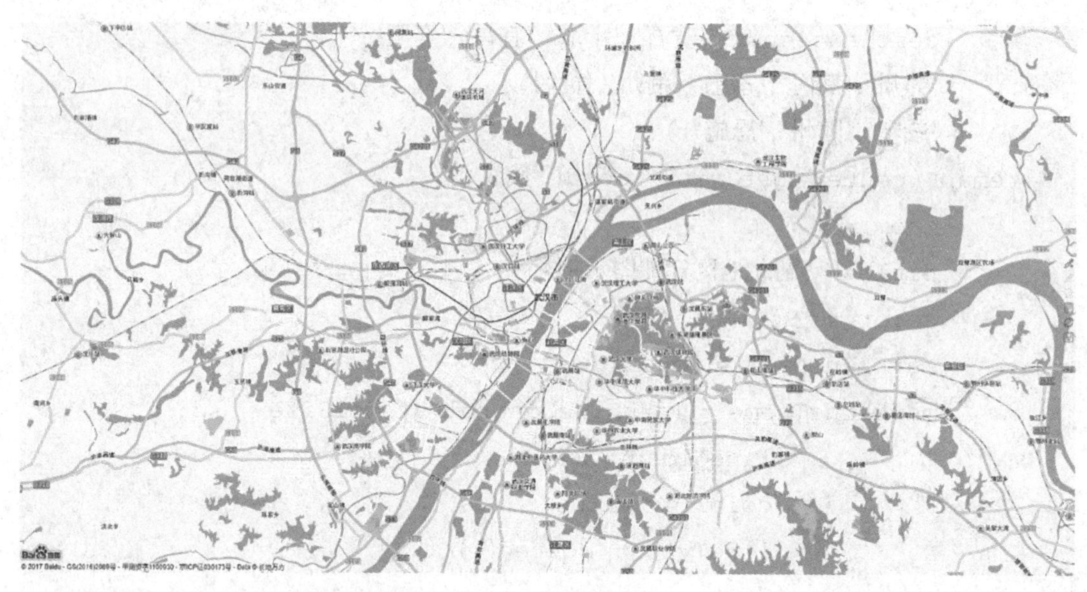

图 5-18　remapB 函数调用百度地图

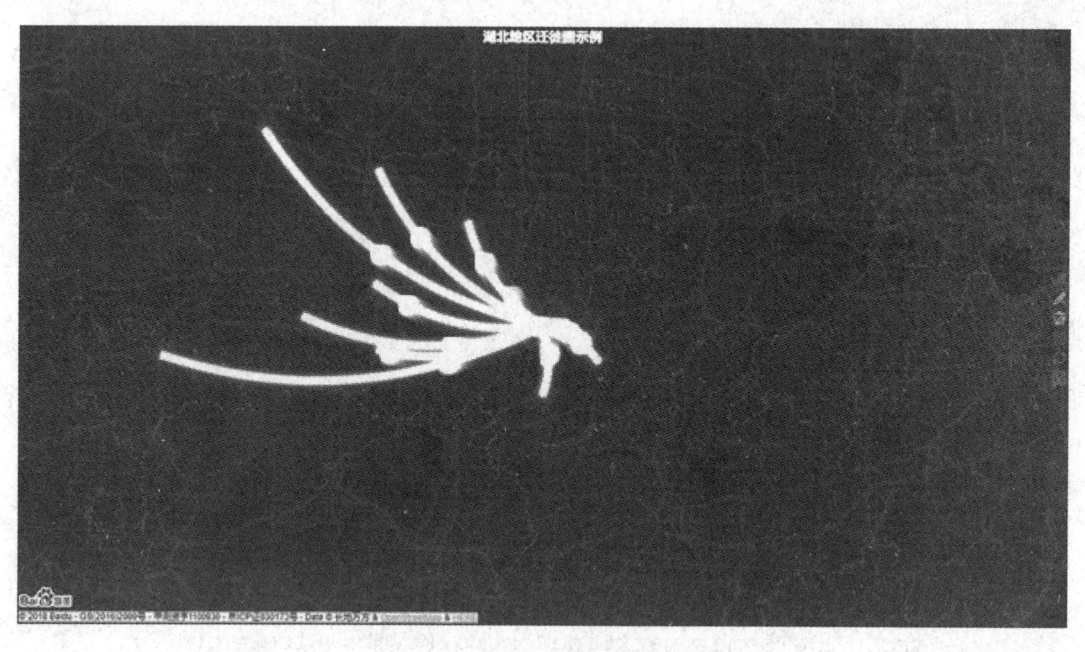

图 5-19　remapB 函数绘制迁徙图

remapC 函数可以制作分层设色地图，如图 5-21 所示。实现代码如下：

```
data = data.frame(country = mapNames("hubei"),
        value = 5 * sample(17)+200)
remapC(data,maptype = "hubei",color = 'skyblue')
```

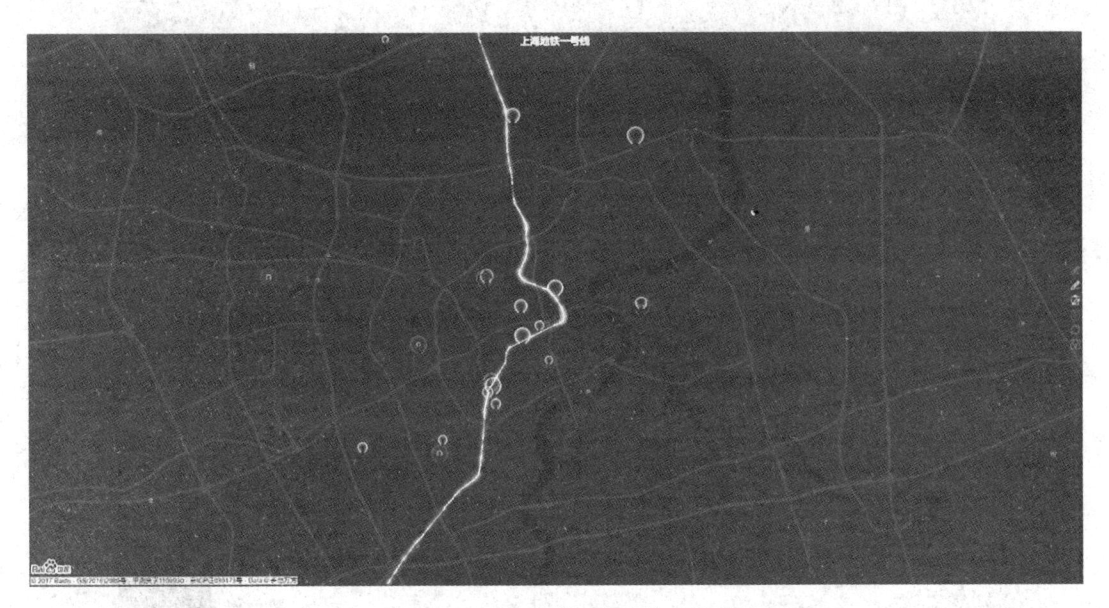

图 5-20 remapB 函数绘制上海地铁一号线示意图

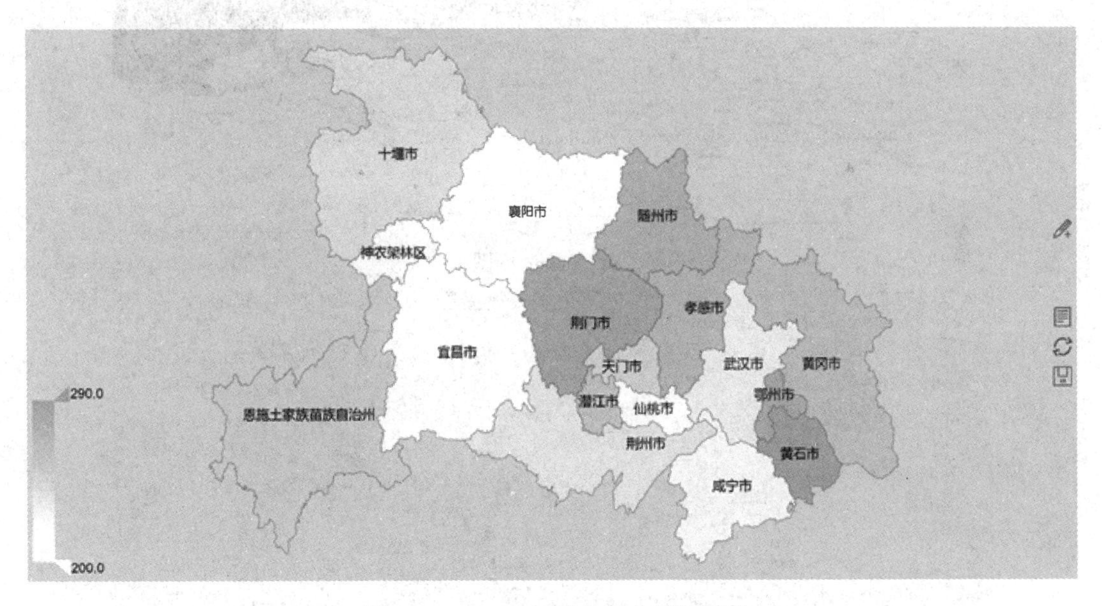

图 5-21 remapC 函数绘制分层设色图

较之前面两个交互式图表函数包，**leafletR** 的优势在于其支持更多的数据，可视化样式也因此更加丰富多彩。图 5-22 展示了部分 **leafletR** 函数包支持的地图底图。实现代码如下：

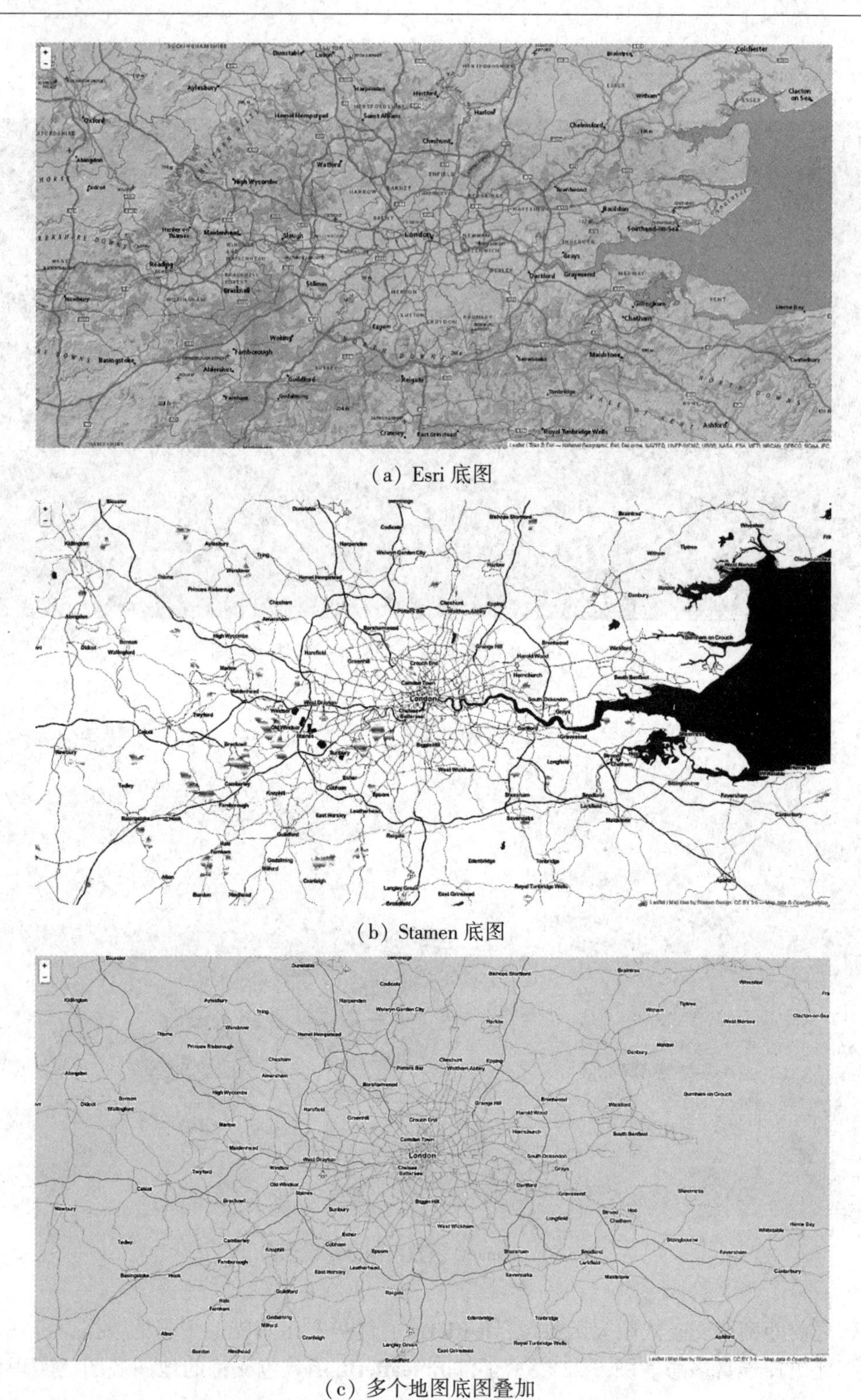

（a）Esri 底图

（b）Stamen 底图

（c）多个地图底图叠加

图 5-22　**leafletR** 函数包支持的地图底图部分示例

```
m<-leaflet()% >% setView(lng=-0.1, lat = 51.5, zoom = 10)
m % >% addProviderTiles(providers $Esri.NatGeoWorldMap)
m % >% addProviderTiles(providers $Stamen.Toner)
m % >% addProviderTiles(providers $Stamen.TonerLines,
    options= providerTileOptions(opacity = 0.35)) % >%
  addProviderTiles(providers $Stamen.TonerLabels)
```

根据数据 LNHP 的 PURCHASE 属性，对 LNHP 进行分层设色，并以不同的半径显示 LNHP 点数据，将其叠加到地图上，可以对伦敦的房价分布一目了然，如图 5-23 所示。实现代码如下：

```
LNHP<- readShapePoints( "LNHP", verbose=T,proj4string = CRS( "+
init=epsg:27700"))
bins<-c(0, 100000, 145000, 200000, 300000, Inf)
pal <- colorBin( "Blues", domain = LNHP@ data $PURCHASE, bins =
bins)

leaflet(LNHP@ data) % >% setView(lng =-0.1, lat = 51.5, zoom=10)% >%
  addProviderTiles(providers $Stamen.TonerLines,
    options= providerTileOptions(opacity = 0.35)) % >%
  addProviderTiles(providers $Stamen.TonerLabels) % >%
  addCircles(
    lng= ~LNHP@ data $lng,
    lat= ~LNHP@ data $lat,
    weight= 2,
    fillColor= ~pal(LNHP@ data $PURCHASE),
    opacity= 1,
    color= "white",
    dashArray= "3",
    fillOpacity= 0.7,
    radius= ~LNHP@ data $PURCHASE * 0.001)% >%
addLegend(pal = pal, values = ~LNHP@ data $PURCHASE,
opacity= 0.7, title=NULL,
position= "bottomright")
```

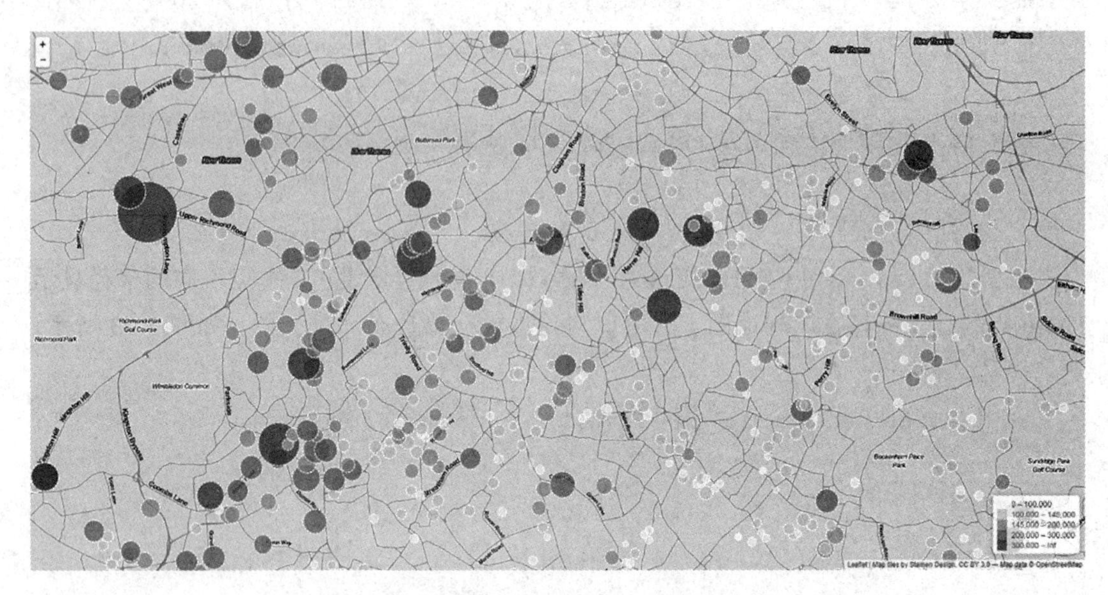

图 5-23　伦敦市房价分布图

5.5　章节练习与思考

本章从空间对象可视化、空间属性数据可视化和在线图表可视化三个角度进行了介绍和阐述，重点需要掌握如何制作信息表达准确、全面和美观的可视化图件。因此，请完成以下练习：

①针对本章的每一个可视化图件，结合文中的示例代码，通过调整函数参数或其他可视化函数，制作表现主题一致但展示不同的可视化图件。

②结合第 3 章介绍的空间数据处理方法，利用伦敦市的相关数据，实现以下专题地图图件的制作：

a. 伦敦市每个 Borough 的房子平均价格专题图；

b. 制作若干可视化图件，说明泰晤士河对房屋价格分布形成的隔离影响，即观察在河流两侧空间上直线距离较短，但房屋价格差距很大的现象。

③利用本章第 4 节在线地图可视化函数包，绘制某市交通路线图，要求能分级显示道路的拥挤程度。

④编程实现特色专题图制作函数 map_bar_vis，要求输入制图数据以及相应的参数，即可输出添加了图名、图例、比例尺以及指南针等制图要素的专题图，同时在下方给出对应属性项值域分布直方图，示例如图 5-24 所示。

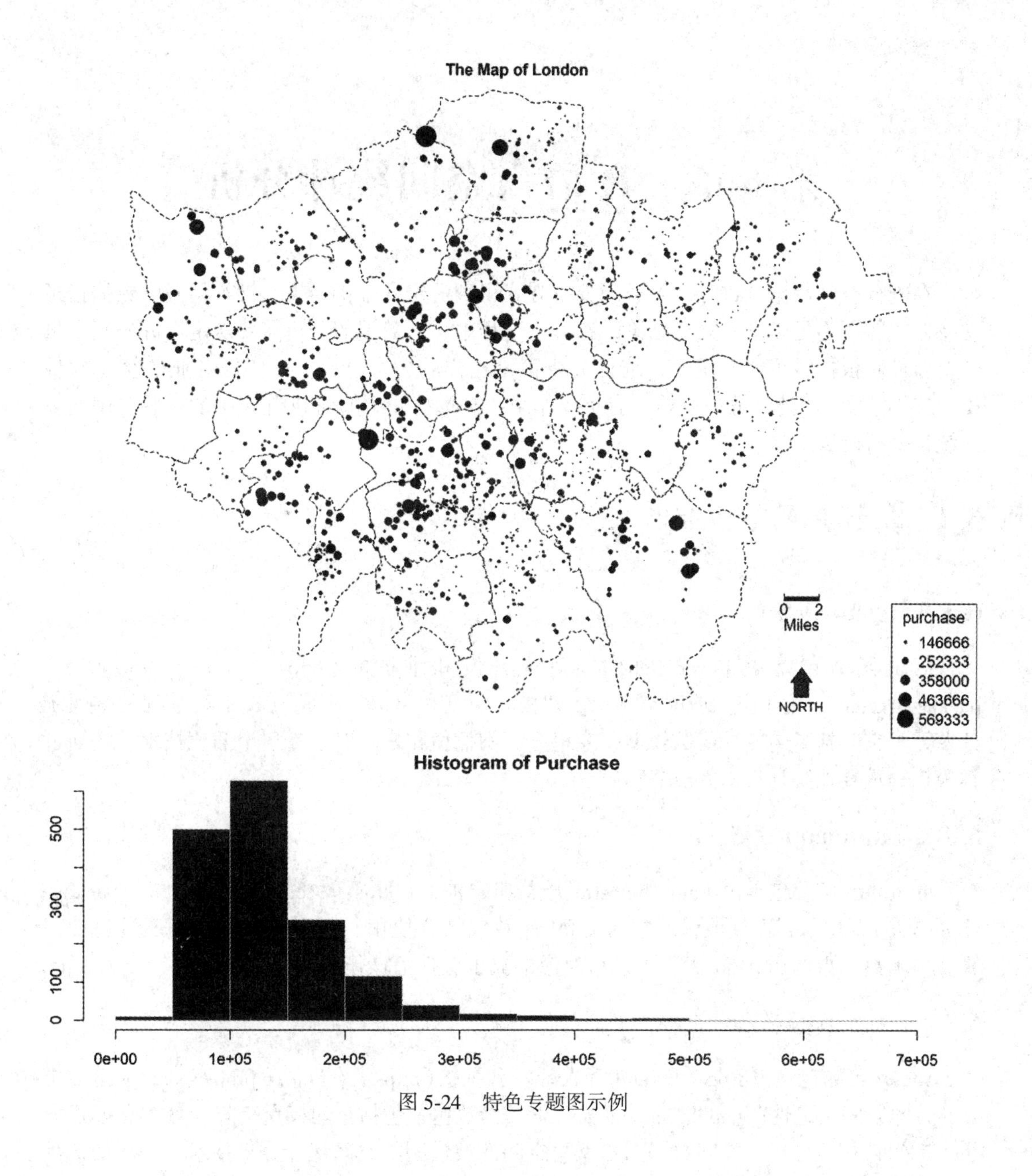

图 5-24　特色专题图示例

第6章　R语言空间统计分析

在进行空间数据分析时，普通的分析方式得到的定性分析结果，没有精确的数据指标支持，往往还不足以支持某个结论。在分析过程中，对数据的分析需要从定性分析到定量分析，最后根据量级对其定性，统计分析正是这样的一个过程。而作为专业的统计软件 **R**，在当前的空间统计分析领域具有重要作用。本章将介绍如何利用 **R** 中的一些常用的空间统计分析函数工具包。

6.1　章节 R 函数包准备

6.1.1　gstat 函数包

gstat 函数包是由 Edzer Pebesma 等人开发和维护的(https://cran.r-project.org/package=gstat)，用于空间或时空统计、建模、预测和模拟，应成为 **R** 中最基础的空间统计单元。它囊括了半变异函数模型、克里金空间插值技术、时空克里金插值技术、高斯过程模拟等重要地统计技术。

6.1.2　automap 函数包

automap 函数包是由 Paul Hiemstra 开发和维护的(https://cran.r-project.org/package=automap)，用于辅助插值，通常与 **gstat** 函数包结合使用。它主要的作用是通过自动估算变差函数，再调用 **gstat** 函数来执行对应的克里金插值操作。

6.1.3　spdep 函数包

spdep 函数包是由 Roger Bivand 等人开发和维护(https://cran.r-project.org/package=spdep)的空间决定性(Spatial Dependence)工具函数包，包括空间权重矩阵计算、点模式分析、空间自相关分析、空间自回归模型、空间滤波模型等空间统计分析技术，它是最常用的空间统计分析工具函数包之一。

6.1.4　GWmodel 函数包

GWmodel 函数包是由本书作者 Binbin Lu 等人开发并维护(https://cran.r-project.org/package=GWmodel)的空间关系异质性地理加权技术函数工具包，囊括了地理加权回归分析技术、混合地理加权回归分析模型、地理加权回归分析共线性纠偏、地理加权回归分析预测模型、地理加权汇总统计量、地理加权主成分分析、地理加权判别分析等地理加权建模技术，采用定量分析的手段分析空间数据关系异质性或非平稳性特征。

在本章的学习之前，首先在 **R** 中载入以上函数包，具体代码如下：

```
install.packages("gstat")
install.packages("automap")
install.packages("spdep")
install.packages("GWmodel")
library(gstat)
library(automap)
library(spdep)
library(GWmodel)
```

6.2 空间插值

现实世界中的地理现象是连续的、任意地点的，而通常情况下只能在有限地点进行测量，如降水量、空气质量、水质等观测值。空间插值是指依据地理学第一定律(Tobler's First Law of Geography)，依据离散点的观测值对连续的空间格网单元按照一定规则进行赋值的过程。本节主要介绍最邻近插值、IDW 插值和克里金插值三种常用空间插值方法在 **R** 中的应用。

6.2.1 最邻近插值

最邻近插值方法是最为直观的插值方法，即利用距离待插值点最临近的观测值进行赋值操作。导入 LNHP 和 LondonBorough 数据，首先利用 **raster** 函数包中的 raster 和 rasterize 函数进行栅格化处理，以便于利用网格单元来进行距离计算。实现代码如下：

```
require(maptools)
require(rgeos)
setwd("E:\\R_course\\Chapter6")
LNHP<-readShapePoints("LNHP", verbose=T,proj4string = CRS("+
init=epsg:27700"))
LN.bou<-readShapePoly("LondonBorough", verbose=T,proj4string =
CRS("+init=epsg:27700"))
require(raster)
LN.lat<-raster(nrow=30, ncol=60, ext=extent(LN.bou))
LN.lat<-rasterize(LN.bou, LN.lat, "NAME")
```

其次，利用 **rgeos** 函数包中的 gDistance 函数来计算栅格点对之间的距离，以寻找最邻近插值操作。以下代码为采用最临近插值对 LNHP 数据中的房屋价格(PURCHASE)进行插值操作，栅格化制图效果如彩图 6-1 所示：

```
LN.grid <-rasterToPoints (LN.lat, spatial = TRUE)
dist<-gDistance(LNHP, LN.grid, byid = TRUE)
```

```
nearest_dat<-apply(dist, 1, which.min)
LN.grid$nn <-LNHP$PURCHASE[nearest_dat]
LN.grid <-rasterize(LN.grid,LN.lat, "nn")
mypalette <-rev(brewer.pal(11,"RdYlGn"))
plot ( LN.grid, col = mypalette, main = " House price ( Nearest
neighbour)")
```

6.2.2　IDW 插值

反距离加权插值(Inverse Distance-based Weighted Interpolation, IDW)是最常用的空间插值方法之一。它在每个插值点采用数据点的反距离加权平均作为该位置点的值，公式如下：

$$\hat{Z}(s) = \frac{\sum_{i=1}^{n} w(s_i) Z(s_i)}{\sum_{i=1}^{n} w(s_i)} \tag{6-1}$$

其中，s 为插值点，$s_i(i = 1, \cdots, n)$ 为 n 个数据点，$w(s_i)$ 为插值点与对应数据点之间的权重值，计算公式如下：

$$w(s_i) = \| s_i - s \|^{-\beta} \tag{6-2}$$

其中，$\| \ \|$ 表示距离计算算子，β 为任意正实数，作为距离权重的平滑因子。

函数包 **gstat** 提供了 IDW 插值函数 idw，可用于 IDW 插值，效果如彩图 6-2(a)(b)所示。注意，当分别采用 $\beta = 0.3$ 和 $\beta = 10$ 时，得到两种不同平滑程度的结果，β 越小则会导致权重值随着距离增加缓慢减小，反之，β 越大会导致权重值随着距离增加剧烈减小。

如下代码展示了如何利用 IDW 插值方法对 LNHP 数据中的房屋价格(PURCHASE)进行插值的结果：

```
LN.SPgrid <-as(LN.grid, "SpatialPixelsDataFrame")
idw.res1 <-idw(PURCHASE~ 1, LNHP, LN.SPgrid, idp=0.3)
idw.res2 <-idw(PURCHASE~ 1, LNHP, LN.SPgrid, idp=10)
plot(idw.res1 ,main = "London Purchase(IDW)",col = mypalette,sub
= "beta = 0.3")
plot(idw.res2,main = "London Purchase(IDW)",col = mypalette,sub =
"beta = 10")
```

函数包 **raster** 提供了 interpolate 函数，也可结合 gstat 函数进行 IDW 插值操作，代码如下：

```
g1<-gstat(formula = LNHP $PURCHASE~ 1, data = LNHP,set = list(idp
=0.3))
g2<-gstat(formula = LNHP $PURCHASE~ 1, data = LNHP,set = list(idp
=10))
```

```
z1<-interpolate(LN.lat, g1)
z2<-interpolate(LN.lat, g2)
```

通过掩膜方法去除不需要的部分，对插值结果进行可视化，结果如彩图 6-3(a)(b)所示。但值得注意的是，彩图 6-2 和彩图 6-3 的结果大体上一致，但在细节上有些微小差异。具体实现代码如下：

```
z1<-mask(z1, LN.bou)
z2<-mask(z2, LN.bou)
plot(z1,main = "London Purchase(IDW)" ,col = mypalette, sub =
"beta = 0.3")
plot(z2,main = "London Purchase(IDW)" ,col = mypalette,sub = "beta
= 10")
```

6.2.3 克里金插值

克里金插值技术是一种空间局部光滑内插插值方法，以变异函数理论和结构分析为基础，在指定区域内对区域变量进行无偏最优估计，其一般表达式如下：

$$\hat{Z}(s) = m(s) + \sum_{i=1}^{n} \lambda_i(s)[Z(s_i) - m(s_i)] \tag{6-3}$$

其中，s 为插值点，$s_i(i = 1, \cdots, n)$ 为 n 个数据点，$\lambda_i(s)$ 为克里金权重且满足 $\sum_{i=1}^{n} \lambda_i(s) = 1$。克里金插值技术是地统计学领域的核心方法，包括简单克里金方法(Simple Kriging，SK)、普通克里金方法(Ordinary Kriging，OK)和泛克里金方法(Universal Kriging，UK)等。由于篇幅和侧重点不同，本章将以 OK 方法为例，介绍克里金插值技术在 **R** 中的使用，其公式如下：

$$\hat{Z}_{OK}(s) = \sum_{i=1}^{n} \lambda_i(s) Z(s_i) \tag{6-4}$$

其中，插值点 s 处与数据点 i 之间权重 $\lambda_i(s)$ 满足以下条件：

$$\begin{cases} \sum_{j=1}^{n} \lambda_j(s) C(s_i - s_j) + \mu(s) = C(s_i - s) \\ \sum_{i=1}^{n} \lambda_i(s) = 1 \end{cases} \tag{6-5}$$

其中，C 表示协方差函数，μ 表示期望函数。

本节将采用函数包 **raster** 并配合函数包 **automap** 实现对 LNHP 数据中的房屋价格(PURCHASE)插值操作。

首先，需要通过变量变异函数(variogram)观察数据中属性项是否具有显著的空间自相关模式。运行以下代码，半变异函数图如图 6-4 所示：

```
g<-gstat(formula = LNHP $ PURCHASE ~ 1, data = LNHP)
ev<-variogram(g)
fevg <-fit.variogram(ev, vgm(1000000000,"Sph",nugget=2e+9))
```

```
plot(ev , model = fevg, col = "red", pch = 8)
```

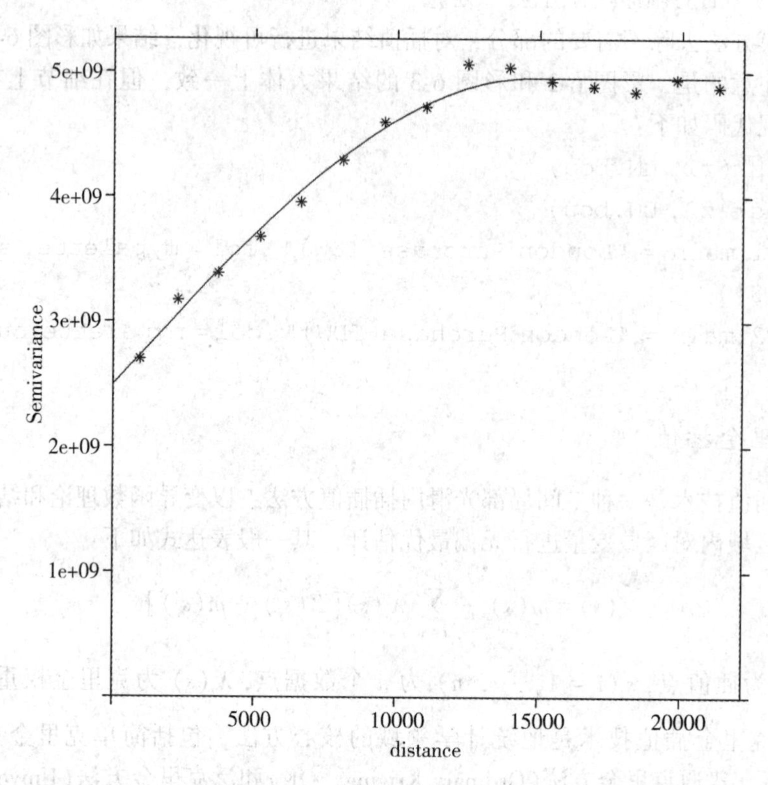

图 6-4　半变异函数图可视化

可以发现，房屋价格对应的半方差值随着距离增加而迅速增加，达到一定阈值时趋于平稳，这意味着价格在一定尺度下的空间上具有明显的空间自相关特征。同时，可采用 fit. variogram 函数对此半方差值分布进行拟合。

但是，当采用 fit. variogram 函数进行拟合时，需要仔细观察半方差值的分布，并根据经验进行半变异函数模型的选择("Exp"，"Sph"，"Gau"或者"Mat")，因此对读者的空间统计基础有一个相对较高的要求。函数包 **automap** 提供了自动拟合函数 autofitVariogram，可对上述经验半变异函数进行自动拟合，效果如图 6-5 所示。实现代码如下：

```
atvg <-autofitVariogram(PURCHASE~ 1, input_data = LNHP)
plot(atvg, col = "red")
```

此外，在进行克里金插值时，不允许存在相互重叠的点位数据，所以这里需要对本章所给的数据进行去重处理，共需去除 74 个位置重叠的点，实现代码如下：

```
test<-data.frame(LNHP $X,LNHP $Y)
index<-duplicated(test)
length(which(index = =TRUE))
LNHP_new<-LNHP[! index,]
```

利用上述步骤中拟合的半变异函数模型，对 gstat 函数中的"model"参数进行赋值，进

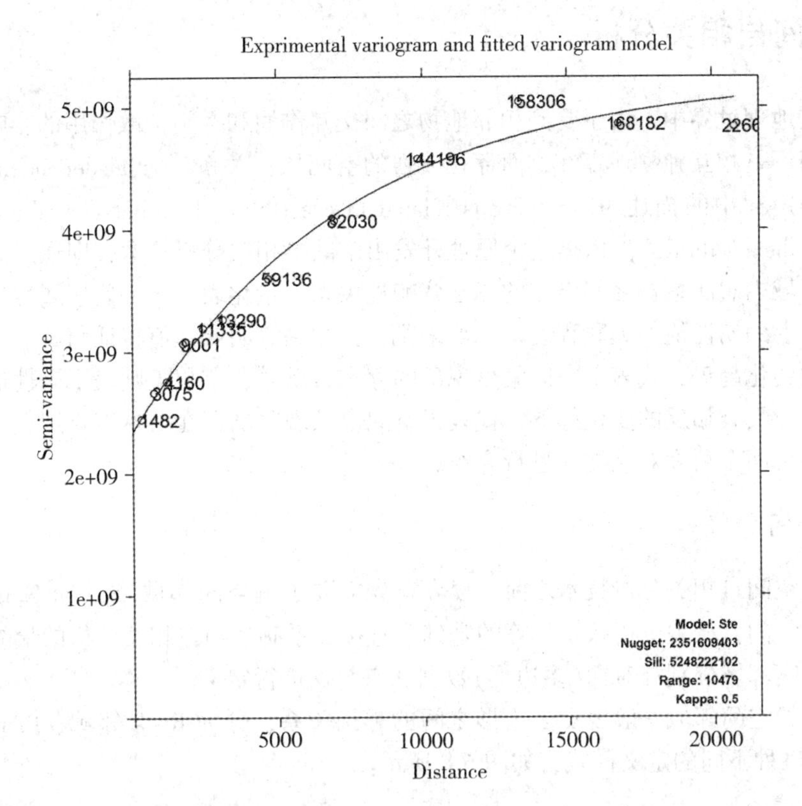

图 6-5　函数 autofitVariogram 自动拟合半变异函数效果

行普通克里金插值操作，效果如彩图 6-6 所示，代码如下：

```
g_OK1 <-gstat(formula = LNHP_new $PURCHASE~1, data = LNHP_new, model = fevg)
z1 <-interpolate(LN.lat, g_OK1)
z1 <-mask(z1, LN.lat)
plot(z1, main = "London Purchase(Ordinary Kriging)", col = mypalette)
```

此外，上述结果是利用 fit. variogram 函数拟合的半变异函数模型结果，也可通过函数 autofitVariogram 自动拟合得到的半变异函数进行直接插值，可得类似的结果，如彩图 6-7 所示，具体实现代码如下：

```
g_OK2 <-gstat(formula = LNHP_new $PURCHASE~1, data = LNHP_new, model = atvg $var_model)
z2<-interpolate(LN.lat, g_OK2)
z2<-mask(z2, LN.lat)
plot(z2, main = "London Purchase(Ordinary Kriging)", col = mypalette)
```

6.3　空间自相关分析

在现实地理世界中，由于受到相邻地物之间交互作用和空间扩散作用的影响，空间对象彼此之间不是相互独立地存在，而存在较强的空间依赖关系(spatial dependence)，正如地理学第一定律中的描述“Everything is related to everything else, but near things are more related than distant things”。依据这个原理开发出空间自相关分析技术，即通过分析属性变量在分布区域内观测数据之间潜在的相互依赖性关系，量化表示某一要素属性值是否与其相邻空间点上的属性值的关联程度。一般来说，正相关表明属性值特征与其空间邻域单元具有相同的变化趋势，代表了空间集聚现象的存在；反之，负相关则表示属性值特征与其空间邻域单元具有相反的变化趋势，代表了空间离散现象的存在。本节将从全局和局部空间自相关分析两个角度对该技术进行介绍。

6.3.1　空间邻域

在介绍空间自相关分析技术之前，读者首先需要了解空间邻域(Spatial Neighbours)的定义，它是空间自相关分析权重计算的基础，直接关系到空间自相关分析的最终结果。一般来说，空间邻域分别针对面(多边形)数据和点数据进行定义。

面数据的空间邻域一般表示多边形之间的邻接关系，分为 Rook 邻域、Bishop 邻域和 Queen 邻域三种不同的定义模式，如图 6-8 所示。

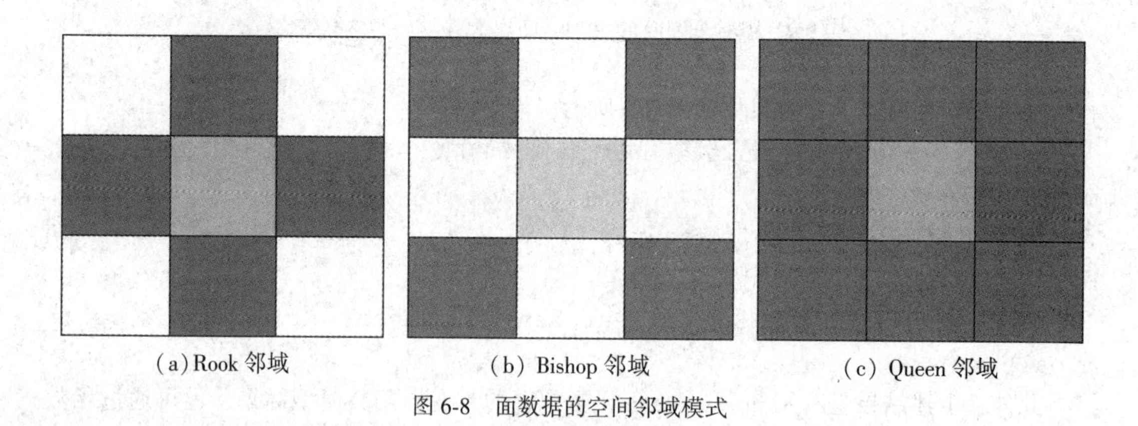

(a) Rook 邻域　　(b) Bishop 邻域　　(c) Queen 邻域

图 6-8　面数据的空间邻域模式

函数包 **spdep** 提供了 poly2nb 函数生成多边形 Queen 邻域和 Rook 邻域，代码如下：

```
LN.bou.nb1 <-poly2nb(LN.bou)
LN.bou.nb1
plot(LN.bou, border = "lightgrey")
plot(LN.bou.nb1, coordinates(LN.bou), col = "red", add = TRUE)
LN.bou.nb2 <-poly2nb(LN.bou, queen = FALSE)
LN.bou.nb2
```

```
plot(LN.bou, border="lightgrey")
plot(LN.bou.nb2, coordinates(LN.bou), col="blue", add=TRUE)
```

实现的效果分别如图 6-9 和图 6-10 所示。

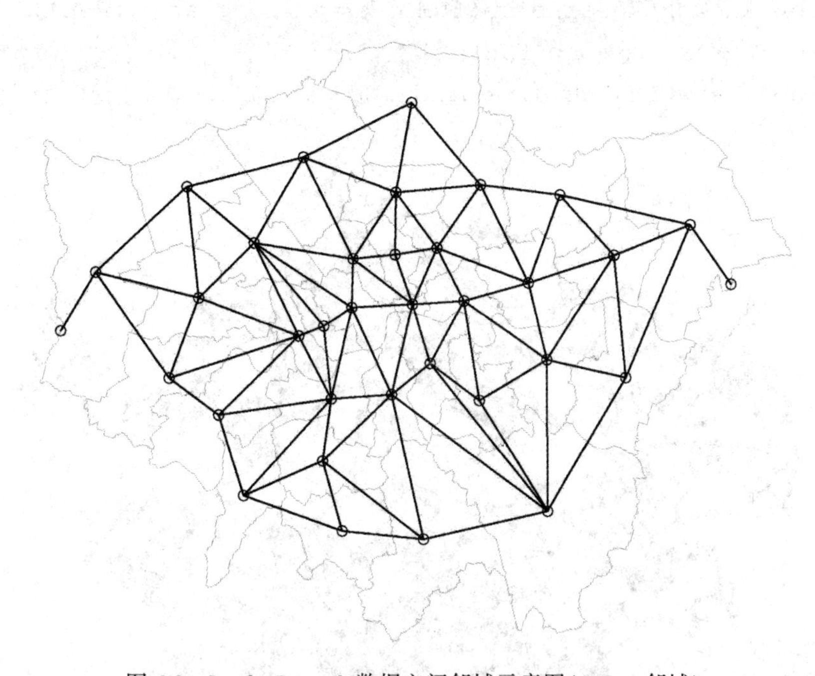

图 6-9 LondonBorough 数据空间邻域示意图(Queen 邻域)

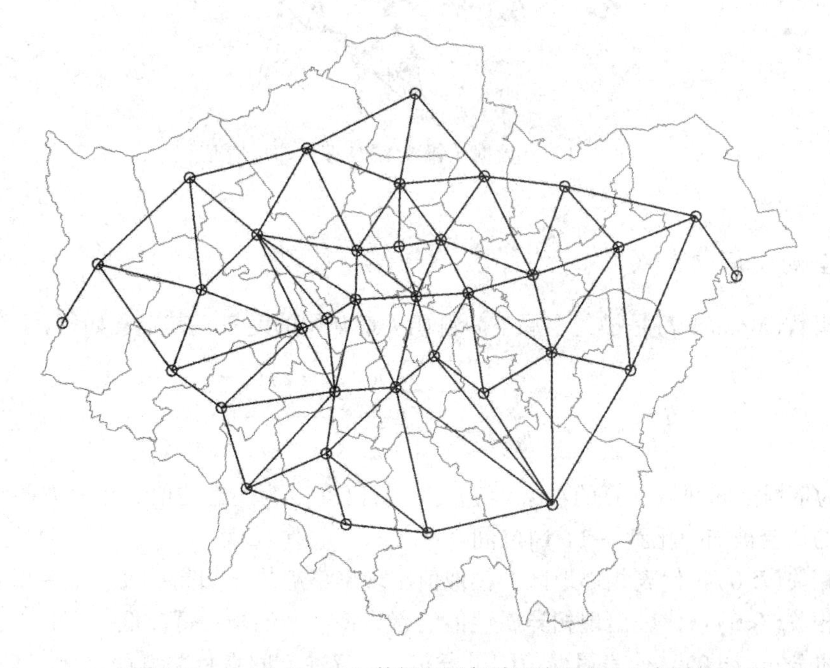

图 6-10 LondonBorough 数据空间邻域示意图(Rook 邻域)

点数据的空间邻域是基于点位之间距离的定义，一般为 k 最近邻域（k nearest neighbours, KNN）。函数包 **spdep** 提供了 knn 函数，进行 KNN 搜索。如图 6-11 所示，通过 knn 函数进行关于 LNHP 数据的 4 邻域搜索结果。具体实现代码如下：

```
LNHPnb<-knn2nb(knearneigh(LNHP, k = 4, longlat = TRUE))
LNHPnb_s<-make.sym.nb(LNHPnb)
plot(nb2listw(LNHPnb_s), cbind(LNHP $X, LNHP $Y),pch = 20)
```

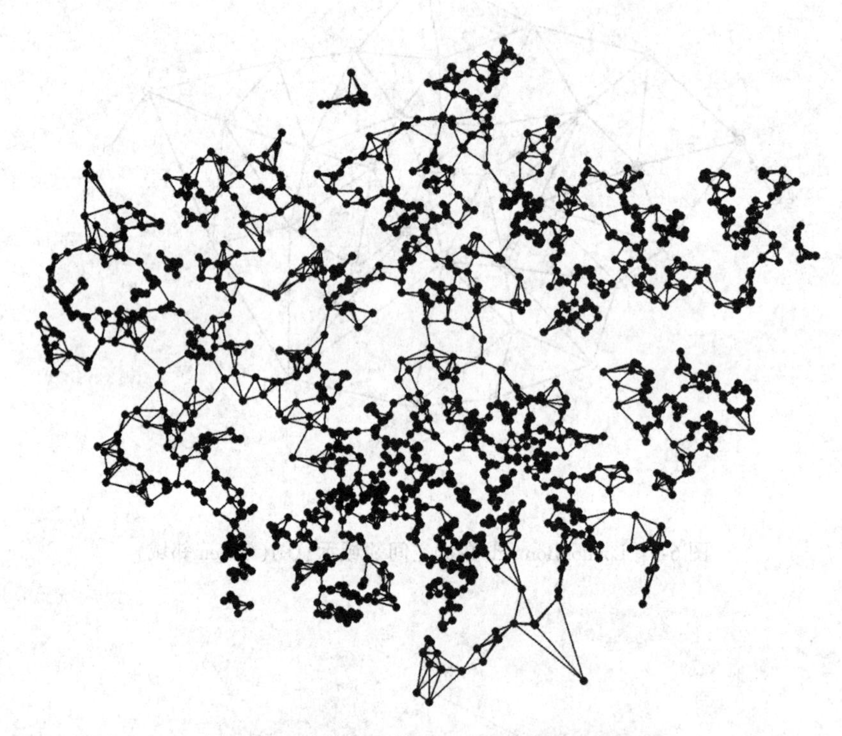

图 6-11　点数据 4 邻域 KNN 搜索邻接情况

6.3.2　全局空间自相关

莫兰指数（Moran's I）是描述全局空间自相关最常用的度量，其定义如下：

$$I = \frac{n}{\sum_i \sum_j w_{ij}} \cdot \frac{\sum_i \sum_j w_{ij}(z_i - \bar{z})(z_j - \bar{z})}{\sum_i (z_i - \bar{z})} \tag{6-6}$$

其中，w_{ij} 为依据空间邻域计算的对象 i 与 j 之间的权重，$\bar{z}$ 为属性均值。经过方差归一化后，莫兰指数的值会被归一化到[-1, 1]之间：

①正相关（$I>0$）：代表相邻地区的类似值出现聚集趋势，如高—高、低—低；

②负相关（$I<0$）：代表出现相异属性值的聚集特征，如高—低、低—高；

③随机分布（$I=0$）：代表属性值随机分布，不存在空间自相关特征。

函数包 **spdep** 提供了 moran 函数计算莫兰指数，以 LNHP 数据中的房屋价格为例，基于6.3.1节中的空间邻域计算，通过以下代码计算出其对应莫兰指数为0.2925201，说明伦敦市房价存在着正相关特征，即出现了高—高、低—低的聚集模式。具体计算代码如下：

```
col.W <-nb2listw(LNHPnb_s,style = "W")
moi <-moran( LNHP $PURCHASE ,col.W,length(LNHP $PURCHASE),Szero
(col.W))
moi
```

为了检验莫兰指数的显著性水平，moran.test 函数提供了随机检验和正态近似检验两种方法，结果如图6-12和图6-13所示。检验代码如下：

```
moran_LNHP_ran <- moran.test (LNHP $PURCHASE, listw = nb2listw
(LNHPnb_s))
moran_LNHP_ran
moran_LNHP_Nor <- moran.test (LNHP $PURCHASE, listw = nb2listw
(LNHPnb_s),randomisation = FALSE)
moran_LNHP_Nor
```

```
        Moran I test under randomisation

data:  LNHP$PURCHASE
weights: nb2listw(LNHPnb_s)

Moran I statistic standard deviate = 18.507, p-value < 2.2e-16
alternative hypothesis: greater
sample estimates:
Moran I statistic       Expectation          Variance
     0.2925200768     -0.0006250000      0.0002508961
```

图6-12　莫兰指数显著性水平随机检验

```
        Moran I test under normality

data:  LNHP$PURCHASE
weights: nb2listw(LNHPnb_s)

Moran I statistic standard deviate = 18.455, p-value < 2.2e-16
alternative hypothesis: greater
sample estimates:
Moran I statistic       Expectation          Variance
     0.2925200768     -0.0006250000      0.0002523099
```

图6-13　莫兰指数显著性水平正态近似检验

除了莫兰指数统计量之外，Geary系数(Geary's C)是另一个空间自相关的常用度量，其定义如下：

$$C = \frac{n}{\sum_i \sum_j w_{ij}} \cdot \frac{\sum_i \sum_j w_{ij}(z_i - z_j)^2}{2\sum_i (z_i - \bar{z})} \tag{6-7}$$

C的取值范围为[0，2]，大于1表示负相关，等于1表示不相关，小于1表示正相关。通过以下代码，可求得LNHP数据房屋价格对应的Geary系数为0.6907011，表示其为正相关模式，这也与之前的莫兰指数结果是一致的。具体代码如下：

```
geary( LNHP $PURCHASE ,col.W,length(LNHP $PURCHASE),length(LNHP
$PURCHASE)-1,Szero(col.W))
```

同样，Geary系数的显著性水平也对应随机检验和正态近似检验，利用geary.test函数进行检验，结果如图6-14和图6-15所示，检验代码如下：

```
GR_LNHP_ran <-geary.test(LNHP $PURCHASE, listw = nb2listw(LNHPnb
_s))
GR_LNHP_ran

GR_LNHP_Nor<-geary.test(LNHP $PURCHASE, listw = nb2listw(LNHPnb
_s), randomisation = FALSE)
GR_LNHP_Nor
```

```
        Geary C test under randomisation

data:  LNHP$PURCHASE
weights: nb2listw(LNHPnb_s)

Geary C statistic standard deviate = 16.602, p-value < 2.2e-16
alternative hypothesis: Expectation greater than statistic
sample estimates:
Geary C statistic       Expectation          Variance
     0.6907010864      1.0000000000      0.0003470932
```

图6-14　Geary系数显著性水平随机检验

```
        Geary C test under normality

data:  LNHP$PURCHASE
weights: nb2listw(LNHPnb_s)

Geary C statistic standard deviate = 18.837, p-value < 2.2e-16
alternative hypothesis: Expectation greater than statistic
sample estimates:
Geary C statistic       Expectation          Variance
     0.6907010864      1.0000000000      0.0002696052
```

图6-15　Geary系数显著性水平正态近似检验

6.3.3　局部空间自相关

全局空间自相关分析仅使用单一的莫兰指数或Geary系数来反映属性数据整体空间自相关模式，却难以发现不同位置或区域存在的各异的空间自相关特征。1995年，Luc Anselin院士提出了空间自相关的局部分析指数(Local Indications of Spatial Association，LISA)，在不同的位置均进行空间自相关指数的计算，以反映其与空间邻域之间的聚集性

特征。常用的 LISA 度量包括局部的莫兰指数和 Geary 系数，其定义分别为

$$I_i = \frac{n}{\sum_j w_{ij}} \cdot \frac{\sum_j w_{ij}(z_i - \bar{z})(z_j - \bar{z})}{\sum_i (z_i - \bar{z})} \tag{6-8}$$

$$C_i = \frac{n}{\sum_j w_{ij}} \cdot \frac{\sum_j w_{ij}(z_i - z_j)^2}{2\sum_i (z_i - \bar{z})} \tag{6-9}$$

局部莫兰指数能揭示属性数据的空间自相关特征体现出的空间异质性特征，用于识别不同区域上存在的不同相关性特征。函数包 **spdep** 提供了 localmoran 函数，以计算局部莫兰指数，其结果适用于制图。以 LNHP 数据中的房屋价格为例，其局部莫兰指数如图 6-16 所示。其实现代码如下：

```
local.mi <-localmoran(LNHP $PURCHASE, listw = nb2listw(LNHPnb_s,
style = "W"))
LNHP $local_mi<-local.mi[,1]
mypalette <-brewer.pal(5, "Blues")
LN_bou <- list("sp.polygons",LN.bou)
map.layout<-list(LN_bou)
spplot(LNHP, "local_mi", main = "Local Moran's I statistic",
key.space = "right", pch=16,cex = (LNHP $local_mi/max(LNHP $local_
mi)+0.5)*2,col.regions =mypalette,cuts=6,sp.layout=map.layout)
```

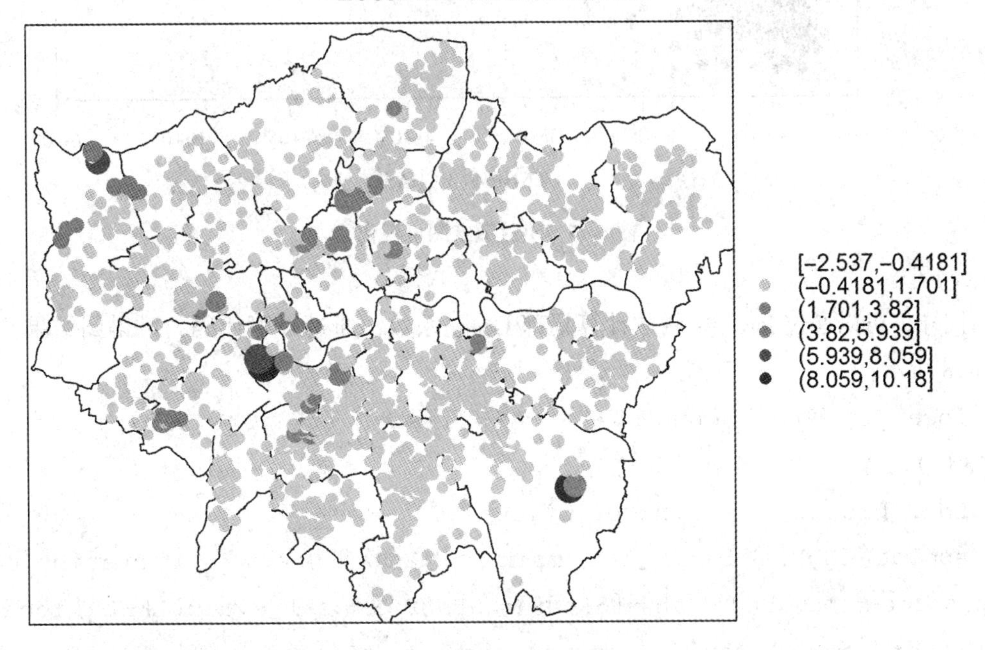

图 6-16　局部莫兰指数可视化

此外，可通过绘制莫兰散点图来辅助查看数据空间分布的局部自相关特征，如图 6-17 所示。实现代码如下：

```
moran.plot(LNHP $ PURCHASE,col.W,pch = 19)
```

观察数据点分别落入 4 个象限的点集特征，反映其与空间邻域之间的关联关系特征。

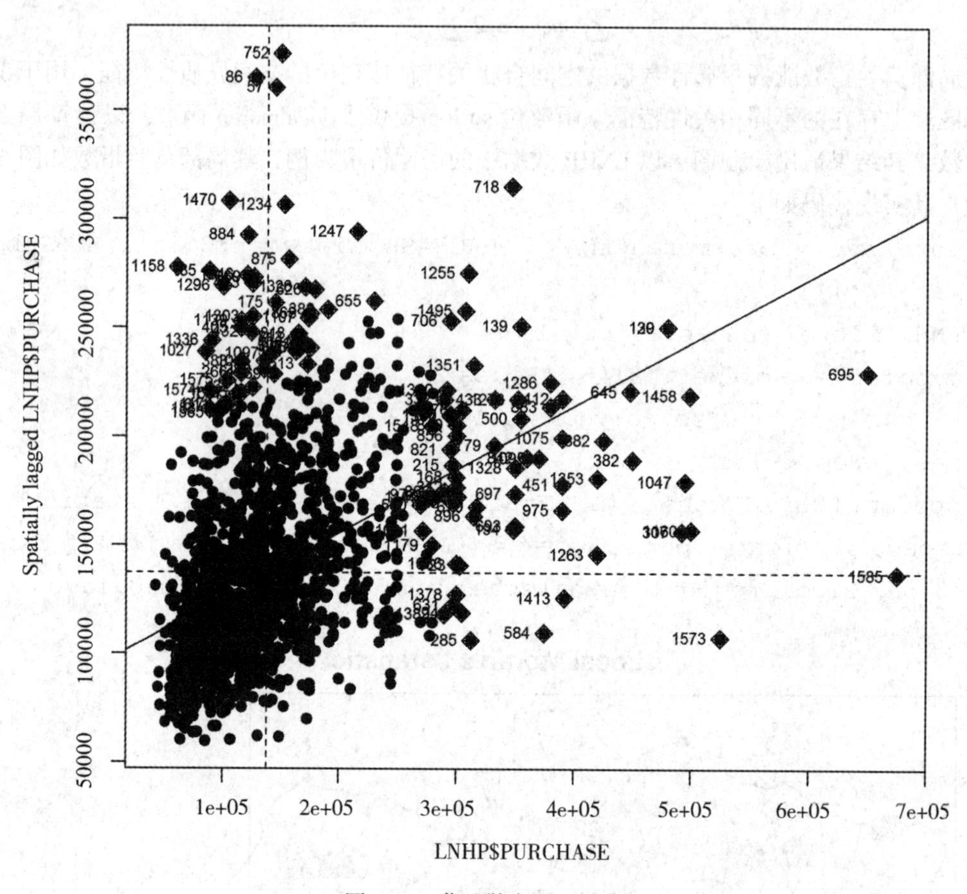

图 6-17　莫兰散点图可视化

同样，可以通过 local_G 函数计算局部 Geary 系数，通过以下代码，可得到结果，如图 6-18 所示：

```
local.G <-localG(LNHP $ PURCHASE, listw = nb2listw(LNHPnb_s,style = "W"))
LNHP $ local_G <-as.numeric(local.G)
spplot(LNHP, " local _G", main = " Local Geary ' s C statistic ", key.space = "right", pch=16, cex = (LNHP $ local_G/max(LNHP $ local_G)+0.5) * 1.5, col.regions =mypalette,cuts=6,sp.layout=map.layout)
```

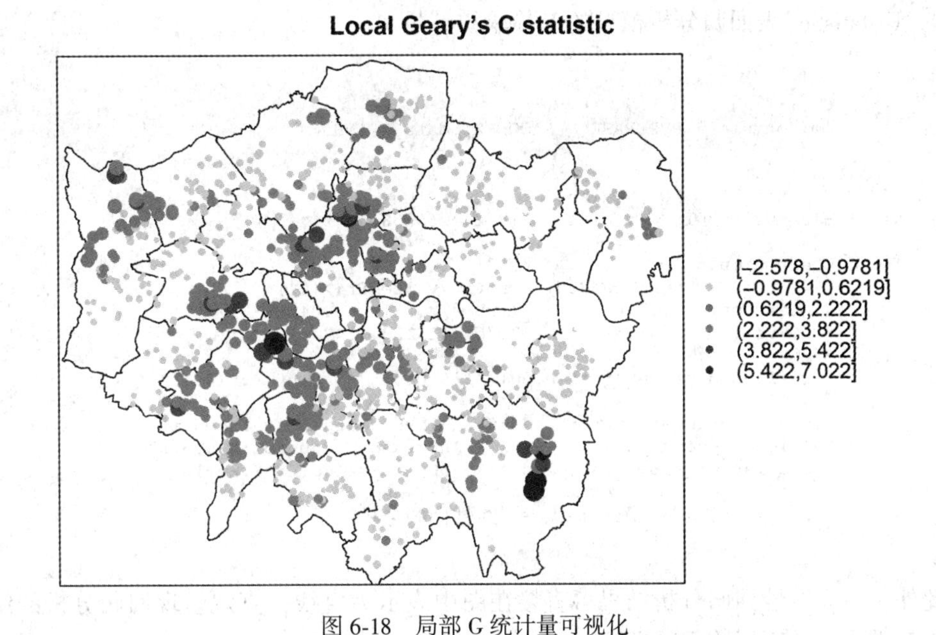

图 6-18 局部 G 统计量可视化

6.4 空间回归分析

在计量统计学中，回归分析技术是变量间关系定量分析的核心技术之一，也是多元数据分析的基础技术。本节将简要介绍普通线性回归分析和地理加权回归分析两种常用的空间回归分析技术。

6.4.1 线性回归分析

线性回归分析是最基础的回归分析方法，如针对 LNHP 数据中的房价(PURCHASE)和房屋面积(FLOORSZ)作一元线性回归分析，可通过 **R** 中的 lm 函数进行实现，结果如图 6-19 所示，实现代码如下：

```
lm_LN<-lm(PURCHASE~FLOORSZ,data=LNHP)
summary(lm_LN)
```

其中，结果分为以下模块进行显示：

①"Residuals"为残差项的汇总统计，列出了残差的最小值、25%分位数、中值、75%分位数和最大值点。

②"Coefficients"模块表示参数估计结果，其中"Estimate"列表示所估计的回归系数；"Std. Error"列表示对应回归系数的标准差；"t value"表示对应的 t 统计量；"Pr(>|t|)"表示 t 检验对应的 p 值；最后的"＊"表示对应的显著性水平。

③"Residual standard error"即标准化残差。

④"Multiple R-squared"表示 R 方值大小。

⑤"F-statistic"表回归分析模型的 F 检验统计量。

```
Call:
lm(formula = PURCHASE ~ FLOORSZ, data = LNHP)

Residuals:
    Min      1Q  Median      3Q     Max
-122503  -30198   -8141   21374  269238

Coefficients:
            Estimate Std. Error t value Pr(>|t|)
(Intercept)  8187.62    3367.99   2.431   0.0152 *
FLOORSZ      1552.39      37.75  41.123   <2e-16 ***
---
Signif. codes:  0 '***' 0.001 '**' 0.01 '*' 0.05 '.' 0.1 ' ' 1

Residual standard error: 47370 on 1599 degrees of freedom
Multiple R-squared:  0.514,     Adjusted R-squared:  0.5137
F-statistic:  1691 on 1 and 1599 DF,  p-value: < 2.2e-16
```

图 6-19　一元线性回归分析结果

此外，一元线性回归分析结果可直接在图中表示为直线，直观呈现回归分析的结果，如图 6-20 所示，其实现代码如下：

```
plot(LNHP $FLOORSZ,LNHP $PURCHASE, pch=16,col="grey")
abline(a = 8187.62, b = 1552.39, col ="blue")
```

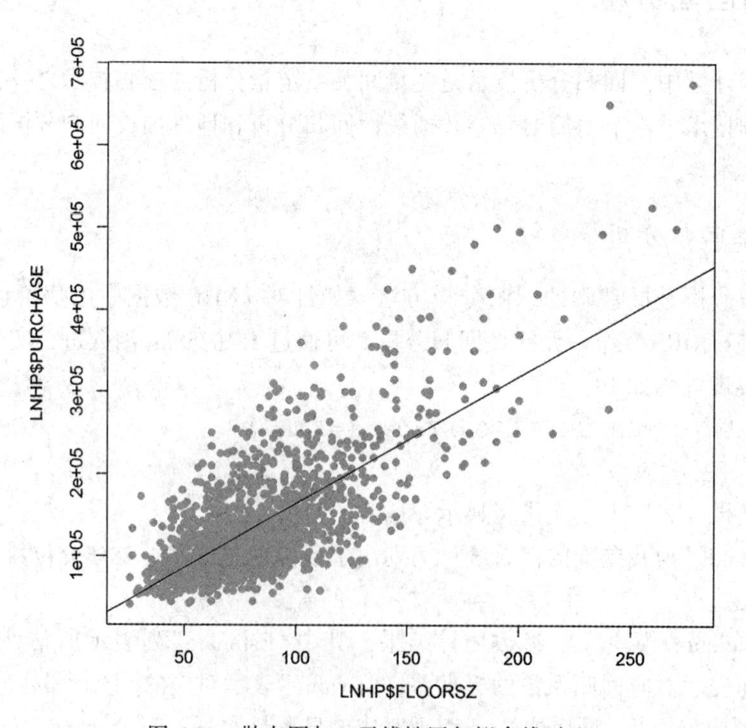

图 6-20　散点图与一元线性回归拟合线对比

而在实际问题中，自变量往往会有多个，需要进行多元回归分析。如可以使用 LNHP 数据中的房屋面积(FLOORSZ)、房屋类型(TYPEDETCH、TYPEFLAT)、房屋建设年代(BLDPWW1、BLDPOSTW、BLD70S 、BLD90S)、房屋结构(BATH2)和区域经济因子(PROF)，其具体释义如下：

①FLOORSZ：房屋面积(平方米)；

②BATH2：是否有两个以上的卫生间；

③BLDPWW1：是否建设于第一次世界大战以前；

④BLDPOSTW：是否建于 1940 年至 1959 年之间；

⑤BLD70S：是否建于 1970 年至 1980 年之间；

⑥BLD90S：是否建于 1990 年至 2000 年之间；

⑦TYPEDETCH：是否为独栋别墅；

⑧TYPEFLAT：是否为公寓；

⑨PROF：当地从事高收入职业的人群所占的比重；

仍然通过 lm 函数，对上述多元线性回归模型进行解算，结果如图 6-21 所示。具体实现代码如下：

```
lm_LN <-lm(PURCHASE ~ FLOORSZ + TYPEDETCH + TYPEFLAT + BLDPWW1 +
BLDPOSTW + BLD70S + BLD90S + BATH2 + PROF, data=LNHP)
summary(lm_LN)
```

```
Call:
lm(formula = PURCHASE ~ FLOORSZ + TYPEDETCH + TYPEFLAT + BLDPWW1 +
    BLDPOSTW + BLD70S + BLD90S + BATH2 + PROF, data = LNHP)

Residuals:
    Min      1Q  Median      3Q     Max
-140884  -21408   -1291   17829  217777

Coefficients:
              Estimate Std. Error t value Pr(>|t|)
(Intercept) -70647.35    4871.64 -14.502  < 2e-16 ***
FLOORSZ       1334.71      40.26  33.151  < 2e-16 ***
TYPEDETCH    27613.01    5619.30   4.914 9.85e-07 ***
TYPEFLAT     -5341.05    2357.47  -2.266   0.0236 *
BLDPWW1      10912.29    2014.59   5.417 7.00e-08 ***
BLDPOSTW     -4130.31    3583.83  -1.152   0.2493
BLD70S      -15137.61    3814.05  -3.969 7.54e-05 ***
BLD90S       10073.03    5017.79   2.007   0.0449 *
BATH2        43496.90    4459.51   9.754  < 2e-16 ***
PROF          2420.32      85.66  28.255  < 2e-16 ***
---
Signif. codes:  0 '***' 0.001 '**' 0.01 '*' 0.05 '.' 0.1 ' ' 1

Residual standard error: 35750 on 1591 degrees of freedom
Multiple R-squared:  0.7245,    Adjusted R-squared:  0.723
F-statistic:   465 on 9 and 1591 DF,  p-value: < 2.2e-16
```

图 6-21　LNHP 多元线性回归分析结果

多元线性回归分析的结果也可进一步表达为以下公式：

PURCHASE =-70647.35+1334.71 * FLOORSZ+27613.01 * TYPEDETCH-5341.05 * TYPEFLAT+10912.29 * BLDPWW1-4130.31 * BLDPOSTW-15137.61 * BLD70S+10073.03 * BLD90S+43496.90 * BATH2+2420.32 * PROF

6.4.2　地理加权回归分析

普通线性回归分析技术从一个“全局假设”的角度出发，认为在研究区域内变量关系是固定的，不随空间位置的变化而改变。现实地理空间中不确定性或异质性无处不在，这个前提假设的适用性不断受到挑战。例如，对房屋的价格进行描述，传统的回归分析方法仅用单一的数值进行描述，而事实上在这个区域内由于房型、小区环境、学区、楼层等多个因素的不同，可能造成这个区域内的房屋单价存在很大的差异。因此，区别于研究“单一普适关系”线性回归分析方法，地理加权回归(Geographically Weighted Regression, GWR)在研究区域中抽样回归分析点，针对每个位置分别进行回归模型解算，得到与空间位置一一对应的空间回归系数，定量反映空间位置变化所带来的变量关系空间异质性和多相性过程。

基础 GWR 模型一般可表达如下：

$$y_i = \beta_0(u_i, v_i) + \sum_{k=1}^{m} \beta_k(u_i, v_i) x_{ik} + \varepsilon_i \tag{6-10}$$

其中，y_i 为在位置 i 处的因变量值，$x_{ik}(k = 1, \cdots, m)$ 为位置 i 处的自变量值，(u_i, v_i) 为位置 i 点的坐标，$\beta_0(u_i, v_i)$ 为截距项，$\beta_k(u_i, v_i)(k = 1, \cdots, m)$ 为回归分析系数。

针对上述 GWR 模型，在指定空间位置 i 采用加权线性最小二乘方法对模型进行求解，其公式如下：

$$\hat{\boldsymbol{\beta}}(u_i, v_i) = (\boldsymbol{X}^{\mathrm{T}}\boldsymbol{W}(u_i, v_i)\boldsymbol{X})^{-1}\boldsymbol{X}^{\mathrm{T}}\boldsymbol{W}(u_i, v_i)y \tag{6-11}$$

其中，$\boldsymbol{X}$ 为自变量抽样矩阵，其中第一列全为 1(用以估计截距项)，y 为因变量抽样值向量，$\hat{\boldsymbol{\beta}}(u_i, v_i) = (\beta_0(u_i, v_i), \cdots, \beta_m(u_i, v_i))^{\mathrm{T}}$ 为在位置点 (u_i, v_i) 处的回归分析系数向量，$\boldsymbol{W}(u_i, v_i)$ 为对角矩阵，其中对角线上的值代表每个数据点到回归分析点 (u_i, v_i) 的空间权重值，定义如下：

$$\boldsymbol{W}_i = \begin{bmatrix} w_{i1} & 0 & \cdots & 0 \\ 0 & w_{i2} & \cdots & 0 \\ \vdots & \vdots & & \vdots \\ 0 & 0 & \cdots & w_{in} \end{bmatrix} \tag{6-12}$$

其中，$\boldsymbol{W}(u_i, v_i)$ 对角线值 $w_{ij}(j = 1, 2, \cdots, n)$ 表示第 j 个数据点到回归分析点 i 的权重值，可通过关于两个位置之间的空间邻近度量的核函数计算得到。核函数一般是值域为 0 到 1 的距离衰减函数，两点之间距离越大，计算得到的权重值越小。常用的权重核函数(kernel)见表 6-1。

表 6-1　　核函数形式

函数名称	表达式
Global model	$w_{ij} = 1, \forall i, j$
Gaussian	$w_{ij} = e^{\frac{(d_{ij}/b)^2}{2}}$

续表

函数名称	表达式
Exponential	$w_{ij} = \exp\left(-\frac{\lvert d_{ij} \rvert}{b}\right)$
Box-car	$w_{ij} = \begin{cases} 1, & \text{if } d_{ij} \leqslant b \\ 0, & \text{otherwise} \end{cases}$
Bi-square	$w_{ij} = \begin{cases} (1-(d_{ij}/b)^2)^2, & \text{if } d_{ij} \leqslant b \\ 0, & \text{otherwise} \end{cases}$
Tri-cube	$w_{ij} = \begin{cases} (1-(d_{ij}/b)^3)^3, & \text{if } d_{ij} \leqslant b \\ 0, & \text{otherwise} \end{cases}$

值得注意的是，上述核函数中存在一个重要的参数 b，即带宽(bandwidth)。带宽的选择是至关重要的，决定了权重随距离衰减的速率，带宽越大，权重衰减越快，反之亦然。一般情况下，有两种类型带宽定义：固定型带宽(fixed bandwidth)，通过定义一个固定的距离阈值 b，将其应用于所有点的权重解算；可变型带宽(adaptive bandwidth)，首先需要定义一个正整数 N，针对任意求解位置点，计算数据点到该点的距离，取距离其第 N 近的距离值作为当前点带宽 b。

本节将介绍如何利用函数包 **GWmodel** 中的相关函数对 GWR 模型进行解算。

仍然以 LNHP 数据为例，因为过多的自变量可能导致局部共线性问题的存在，所以需要通过函数 model. selection. gwr 对模型进行优选，过程如图 6-22 和图 6-23 所示。具体实现代码如下：

```
DeVar<-"PURCHASE"
InDeVars<-c("FLOORSZ","TYPEDETCH","TYPEFLAT","BLDPWW1",
"BLDPOSTW","BLD60S","BLD70S","BLD80S","BLD90S","BATH2","PROF")
model.sel<-model.selection.gwr(DeVar,InDeVars,data=LNHP,kernel
="gaussian",adaptive=TRUE,bw=10000000000000)
sorted.models <- model.sort.gwr ( model.sel, numVars = length
(InDeVars), ruler.vector = model.sel[[2]][,2])
model.list<-sorted.models[[1]]
model.view.gwr(DeVar, InDeVars, model.list = model.list)
plot(sorted.models[[2]][,2], col = "black", pch = 20, lty = 5,
main = "Alternative view of GWR model selection procedure",ylab = "
AICc value", xlab = "Model number", type = "b")
```

根据上述优选结果，选择当 AICc 值趋于平稳时(经验情况为变化小于 3)的模型，即
PURCHASE~FLOORSZ+PROF+BATH2+BLDPWW1+TYPEDETCH+BLD60S+ BLD70S

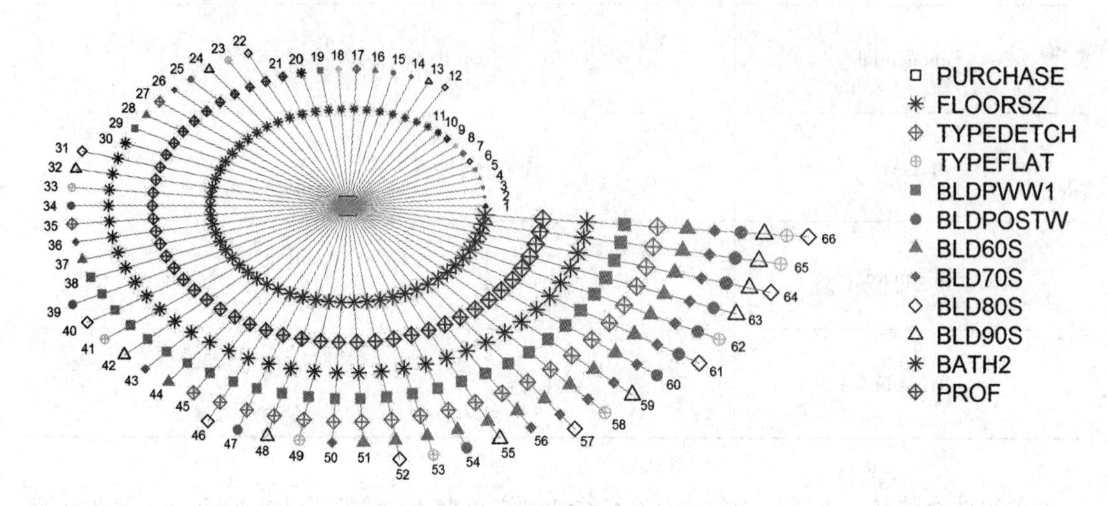

图 6-22　模型优选过程所选择的模型图

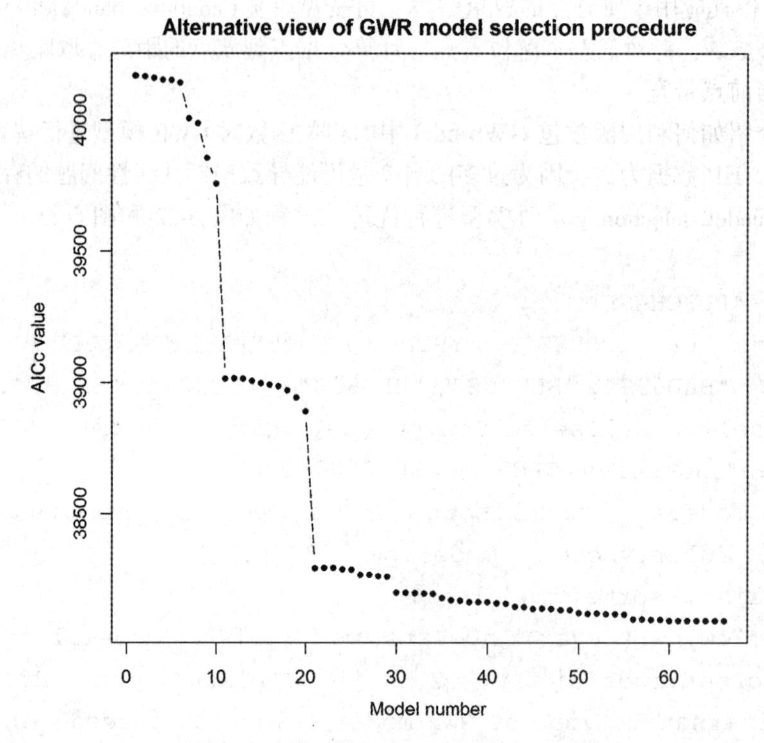

图 6-23　模型优选过程 AICc 值变化图

选定模型后，利用 bw. gwr 函数进行自动的带宽选择，结果如图 6-24 所示。实现代码如下：

```
bw.gwr.1 <-bw.gwr ( PURCHASE ~ FLOORSZ + PROF + BATH2 + BLDPWW1 +
TYPEDETCH+BLD60S+BLD70S,data=LNHP,approach = "AICc",kernel =
"gaussian", adaptive = TRUE)
```

```
Take a cup of tea and have a break, it will take a few minutes.
        -----A kind suggestion from GWmodel development group
Adaptive bandwidth (number of nearest neighbours): 997 AICc value: 38036.72
Adaptive bandwidth (number of nearest neighbours): 624 AICc value: 37987.84
Adaptive bandwidth (number of nearest neighbours): 393 AICc value: 37921.18
Adaptive bandwidth (number of nearest neighbours): 250 AICc value: 37838.8
Adaptive bandwidth (number of nearest neighbours): 162 AICc value: 37742.22
Adaptive bandwidth (number of nearest neighbours): 107 AICc value: 37626.83
Adaptive bandwidth (number of nearest neighbours): 73 AICc value: 37518.95
Adaptive bandwidth (number of nearest neighbours): 52 AICc value: 37432.07
Adaptive bandwidth (number of nearest neighbours): 39 AICc value: 37368.72
Adaptive bandwidth (number of nearest neighbours): 31 AICc value: 37341.04
Adaptive bandwidth (number of nearest neighbours): 26 AICc value: 37328.63
Adaptive bandwidth (number of nearest neighbours): 23 AICc value: 37317.39
Adaptive bandwidth (number of nearest neighbours): 21 AICc value: 37318.17
Adaptive bandwidth (number of nearest neighbours): 24 AICc value: 37320.45
Adaptive bandwidth (number of nearest neighbours): 22 AICc value: 37319.32
Adaptive bandwidth (number of nearest neighbours): 23 AICc value: 37317.39
```

图 6-24　GWR 模型带宽自动选择过程

利用上述带宽，对模型进行求解，输出结果包含全局回归分析部分(图 6-25)和地理加权回归结果部分(图 6-26)。实现代码如下：

```
gwr.res <- gwr.basic ( PURCHASE ~ FLOORSZ + PROF + BATH2 + BLDPWW1 +
TYPEDETCH+BLD60S+BLD70S, data = LNHP,bw = bw.gwr.1, kernel =
"gaussian", adaptive = TRUE)
gwr.res
```

读者可根据输出结果，初步认识 GWR 求解的结果，包括参数估计和诊断信息，并可与全局回归分析进行对比。

GWR 技术的最大优势在于，参数估计的结果可以进行便捷的地图可视化，因此需要对它们进行详细的地图可视化。

对结果进行可视化，效果如彩图 6-27(a)(b)所示，实现代码如下：

```
mypalette.6<-brewer.pal(6, "Spectral")
map.na = list ( "SpatialPolygonsRescale", layout.north.arrow ( ),
offset = c(556000,195000), scale = 4000, col=1)
map.scale.1= list( "SpatialPolygonsRescale", layout.scale.bar(),
offset=c(511000,158000), scale = 5000, col=1, fill=c( "transparent",
"green"))
```

```
map.scale.2 = list("sp.text", c(511000,157000), "0", cex=0.9, col=1)
map.scale.3 = list("sp.text", c(517000,157000), "5km", cex=0.9, col=1)
LN_bou<-list("sp.polygons",LN.bou)
map.layout <- list (LN_bou, map.na, map.scale.1, map.scale.2, map.scale.3)
spplot(bgwr.res$SDF, "residual", key.space = "right", col.regions = mypalette.6, at = c(-8, -6, -4, -2, 0, 2, 4),main = "Basic GW regression coefficient estimates for residual ", sp.layout = map.layout)
spplot(bgwr.res$SDF, "FLOORSZ", key.space = "right",col.regions = mypalette.6, at = c(-8, -6, -4, -2, 0, 2, 4),main = "Basic GW regression coefficient estimates for floor size ", sp.layout = map.layout)
```

在这个例子中，直接解算得到的参数估计值是集成到点数据的，也可结合前面章节介绍的空间数据处理方法，如将点数据归结到 LondonBorough 数据中的每个多边形中，如图 6-28 所示。具体实现代码如下：

```
require(rgeos)
dist = gDistance(LNHP,LN.bou, byid = TRUE)
nearest_dat = apply(dist, 1, which.min)
LN.bou$nn = gwr.res$SDF$residual[nearest_dat]
spplot(LN.bou,"nn", sp.layout = map.layout,main = "GW regression residuals")
LN.bou$floosz = gwr.res$SDF$FLOORSZ[nearest_dat]
spplot(LN.bou,"floosz", sp.layout = map.layout, main = "GW regression of floor size")
```

同样，也可以使用 IDW 插值的方法进行插值，这里给出了所有的参数估计的插值结果，如彩图 6-29(a)(b)(c)(d)(e)(f)(g)(h)所示。具体实现代码如下：

```
g<-gstat(formula = gwr.res$SDF$residual~1, data = LNHP,set = list(idp=0.3))
z<-interpolate(LN.lat, g)
z<-mask(z, LN.lat)
plot(z,main = "GW regression residuals(IDW interpolate)")
```

```
***********************************************************************
*                   Results of Global Regression                      *
***********************************************************************

Call:
 lm(formula = formula, data = data)

Residuals:
  Min      1Q  Median      3Q     Max
-130017 -21112    -838   17653  213018

Coefficients:
              Estimate Std. Error t value Pr(>|t|)
(Intercept) -72981.37    4280.18 -17.051  < 2e-16 ***
FLOORSZ       1376.52      32.43  42.452  < 2e-16 ***
PROF          2389.30      82.17  29.077  < 2e-16 ***
BATH2        42336.48    4387.66   9.649  < 2e-16 ***
BLDPWW1       7913.19    1950.47   4.057 5.21e-05 ***
TYPEDETCH    28997.49    5582.12   5.195 2.31e-07 ***
BLD60S      -18846.16    3685.56  -5.114 3.54e-07 ***
BLD70S      -17967.23    3769.34  -4.767 2.04e-06 ***

---Significance stars
Signif. codes:  0 '***' 0.001 '**' 0.01 '*' 0.05 '.' 0.1 ' ' 1
Residual standard error: 35560 on 1593 degrees of freedom
Multiple R-squared: 0.7271
Adjusted R-squared: 0.7259
F-statistic: 606.4 on 7 and 1593 DF,  p-value: < 2.2e-16
***Extra Diagnostic information
Residual sum of squares: 2.01493e+12
Sigma(hat): 35498.15
AIC:  38107.55
AICc:  38107.66
```

图 6-25　gwr. basic 函数求解结果全局回归分析部分

```
***********************************************************************
*          Results of Geographically Weighted Regression              *
***********************************************************************

*********************Model calibration information*********************
Kernel function: gaussian
Adaptive bandwidth: 23 (number of nearest neighbours)
Regression points: the same locations as observations are used.
Distance metric: Euclidean distance metric is used.

****************Summary of GWR coefficient estimates:******************
                 Min.     1st Qu.      Median     3rd Qu.      Max.
Intercept -173621.93  -63796.12  -42849.40  -20072.40   34434.0
FLOORSZ       527.83    1123.90    1323.11    1545.73    2367.6
PROF         -190.32    1239.95    1687.65    2069.46    3818.3
BATH2      -51803.03    1603.15   18672.80   38155.37  121497.7
BLDPWW1    -33885.39   -3409.93    4142.80   12008.60   67812.9
TYPEDETCH  -82032.75   14591.91   34387.03   58899.84  218538.6
BLD60S     -74331.88  -25835.12  -16850.74   -9014.28   56270.9
BLD70S     -76086.00  -24942.11  -14159.41   -5921.48   37859.2
************************Diagnostic information*************************
Number of data points: 1601
Effective number of parameters (2trace(S) - trace(S'S)): 322.1961
Effective degrees of freedom (n-2trace(S) + trace(S'S)): 1278.804
AICc (GWR book, Fotheringham, et al. 2002, p. 61, eq 2.33): 37317.39
AIC (GWR book, Fotheringham, et al. 2002,GWR p. 96, eq. 4.22): 36982.85
Residual sum of squares: 866814912533
R-square value:  0.8826025
Adjusted R-square value:  0.8530009
```

图 6-26　地理加权回归模型结果部分

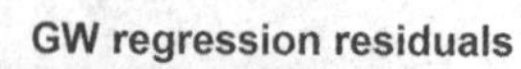

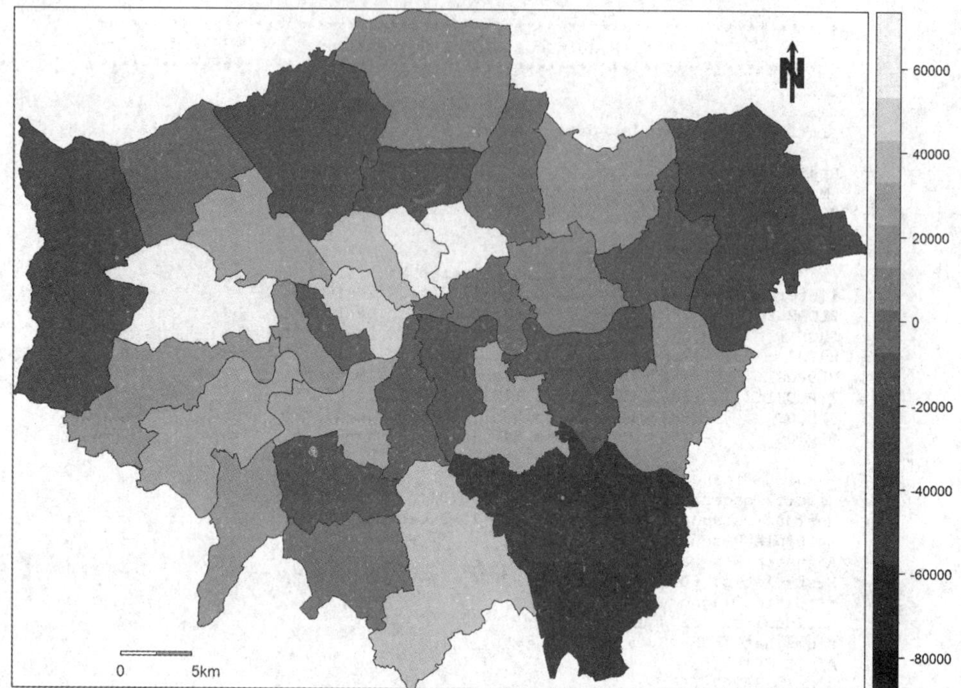

(a) residual 参数结果

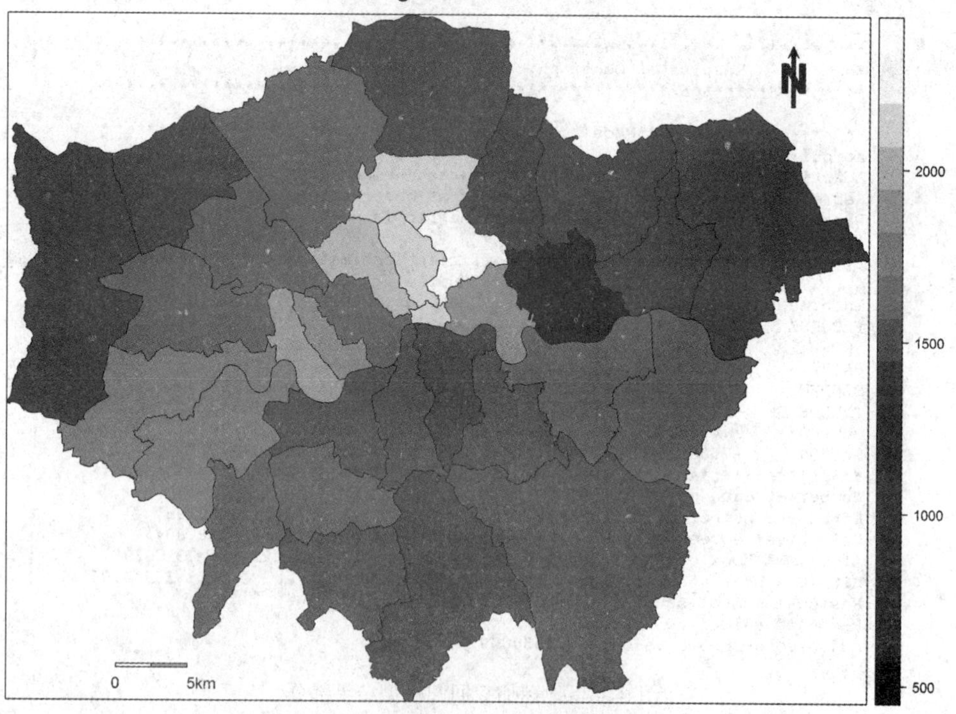

(b) FLOORSZ 参数结果

图 6-28　最邻近插值结果

6.5 章节练习与思考

本章介绍了 **R** 语言空间统计分析方法。需要掌握如何使用 **R** 工具进行插值、自相关分析、回归分析等常用的空间统计方法，并理解分析结果意义。在学习完本章内容后，请完成以下练习：

①针对本章中所展示的 GWR 模型求解示例，要求完成以下尝试：

a. 采用不同带宽大小对模型分别求解，对比模型求解结果，解释为何出现这样的不同；

b. 采用不同类型核函数进行重新求解，对比模型求解结果，解释为何出现这样的不同；

c. 针对模型参数求解结果，要求采用克里金插值技术制作相关图件，并解释其合理性。

②请读者搜集数据(可以使用 **R** 自带的数据)，独立完成一个 GWR 技术的应用案例。

第7章　学校选址案例综合分析

7.1　背景介绍

因人口增长，学校资源紧张，Dublin 市区需要新建三个多宗教学校，学校地址选取要求如下：

①新学校位置距离主路的距离不超过 3km；

②新学校所在的区域内现在没有多宗教(multidenominational)的小学；

③新学校位置所在区域内的已有小学的招生人数应当相对较少，使资源利用最大化；

④三个新学校需均匀分布在 Dublin 市区。

在 Data 文件夹中有以下数据：

①Dublin_PrimarySchools. csv：CSV 文件，内容包括 Dublin 市区的郡中小学的位置和描述；

②DublinRoads. shp：研究区域内的主要道路网络；

③DublinEDs. shp：研究区域内 Electoral Divisions(ED)尺度下的人口信息；

④DublinCounties. shp：研究区域内 County 尺度下的人口信息。

7.2　案例分析与实施

7.2.1　人口增长要求

为了最大限度地缓解教育资源的紧张情况，新学校应该建立在人口增长较快的区域，因此，可以通过计算从 2002 年到 2006 年人口的变化，找出人口增长较快的 ED。

首先，我们将读入 ED 数据 DublinEDs. shp，观察其数据结构，如图 7-1、图 7-2 所示。实现代码如下：

```
library(sp)
library(maptools)
library(RColorBrewer)
setwd("E:\\2course\\R_course\\Chapter7\\Data")
```

```
DublinEDs<-readShapePoly("DublinEDs", verbose=T,proj4string =
CRS("+init=epsg:27700"))
plot(DublinEDs)
str(DublinEDs@ data)
```

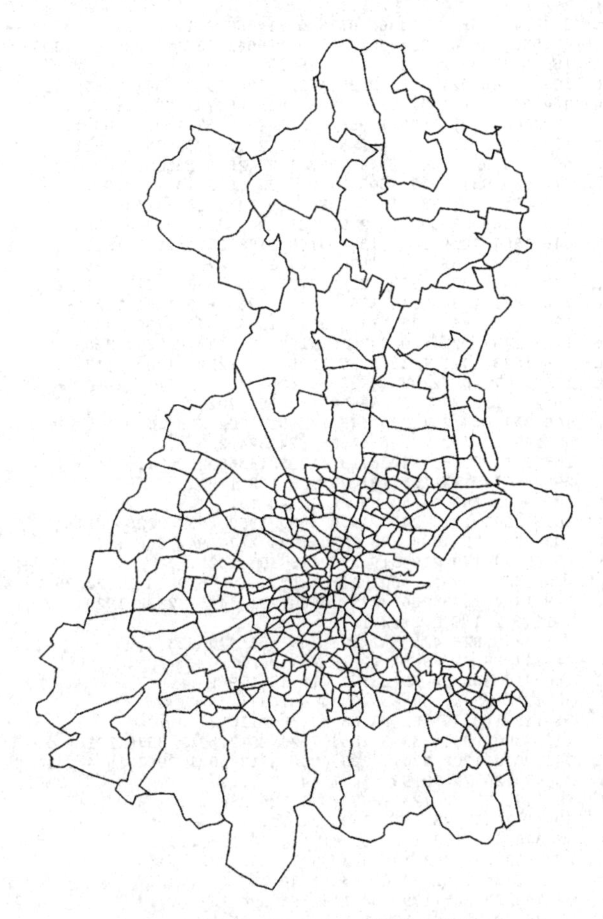

图 7-1　DublinEDs 空间数据可视化

通过观察其属性字段，发现 POP_Change 字段即为 2002 年到 2006 年人口的变化。根据 POP_Change 字段对 DublinEDs 进行分层设色，观察其人口变化详情，如图 7-3 所示。实现代码如下：

```
mypalette<-brewer.pal(7, "Blues")
map.na = list("SpatialPolygonsRescale", layout.north.arrow(),
offset = c(325500,262500), scale = 4000, col=1)
map.scale.1= list("SpatialPolygonsRescale", layout.scale.bar(),
offset=c(299000,218000), scale=5000, col=1, fill=c("transparent",
"skyblue"))
```

```
'data.frame':   322 obs. of  71 variables:
 $ DED_ID     : int  2001 2002 2003 2004 2005 2006 2007 2008 2009 2010 ...
 $ DED_NAME   : Factor w/ 322 levels "Airport","Arran Quay A",..: 2 3 4 5 6 7 8 9 23 24 ...
 $ AREA_SQKM  : num  0.15 0.76 0.38 0.34 0.26 2 0.59 0.91 0.35 0.35 ...
 $ POP96      : int  1336 1963 1914 3264 2957 6393 2487 5335 3570 2571 ...
 $ Z6CODE     : int  2001 2002 2003 2004 2005 2006 2007 2008 2009 2010 ...
 $ EDNAME06   : Factor w/ 322 levels "001  Airport",..: 2 5 9 13 17 21 25 29 33 37 ...
 $ COUNTYID   : int  2 2 2 2 2 2 2 2 2 2 ...
 $ XREF       : int  314884 314525 314366 313810 314058 311976 311956 320816 316873 316255 ...
 $ YREF       : int  235530 235202 234458 234822 235066 237117 236501 239888 235673 235852 ...
 $ AREAHECT   : int  15 76 38 35 26 200 60 92 35 35 ...
 $ POP91      : int  1092 1946 921 3196 2965 4728 2690 5579 3581 2466 ...
 $ MALE91     : int  460 945 516 1587 1370 2203 1229 2827 1676 1163 ...
 $ FEM91      : int  632 1001 405 1609 1595 2525 1461 2752 1905 1303 ...
 $ POP967     : int  1336 1963 1914 3264 2957 6393 2487 5335 3570 2571 ...
 $ MALE96     : int  562 974 977 1641 1348 2963 1124 2696 1659 1258 ...
 $ FEM96      : int  774 989 937 1623 1609 3430 1363 2639 1911 1313 ...
 $ HOUSHD96   : int  594 675 859 1383 1413 2086 929 1339 1463 1186 ...
 $ POP02      : int  1390 3089 2375 3675 2902 6817 2607 5426 3368 3009 ...
 $ MALE02     : int  646 1587 1219 1832 1324 3160 1188 2725 1613 1510 ...
 $ FEM02      : int  744 1502 1156 1843 1578 3657 1419 2701 1755 1499 ...
 $ POP06      : int  1496 3519 3705 3597 2892 7706 2550 5330 3617 3212 ...
 $ MALE06     : int  706 1871 2038 1845 1399 3730 1186 2690 1851 1725 ...
 $ FEM06      : int  790 1648 1667 1752 1493 3976 1364 2640 1766 1487 ...
 $ AGE15PL02  : int  1257 2797 2224 2987 2590 5268 2249 4276 2607 2602 ...
 $ ATWORK02   : int  716 1623 1471 1535 1380 3105 1180 2595 1200 1317 ...
 $ SKJOB02    : int  13 21 27 40 12 33 14 26 28 42 ...
 $ UNEMP02    : int  66 223 151 270 209 98 58 184 291 302 ...
 $ STUDNT02   : int  160 357 354 211 235 445 162 517 202 298 ...
 $ HOMEWK02   : int  90 140 62 292 205 655 308 534 324 233 ...
 $ RETIRE02   : int  165 148 103 337 403 718 417 221 368 250 ...
 $ SICDIS02   : int  29 246 34 122 105 161 85 173 162 112 ...
 $ OTHER02    : int  18 39 22 180 41 53 25 26 32 48 ...
 $ SINGLE02   : int  1018 2345 1916 2450 1905 3600 1358 2934 2228 2011 ...
 $ MARYEV02   : int  303 679 415 1046 778 2898 1024 2374 947 866 ...
 $ WIDOW02    : int  69 65 44 179 219 319 225 118 193 132 ...
 $ EDCODE06   : Factor w/ 322 levels "001 Airport",..: 2 5 9 13 17 21 25 29 33 37 ...
 $ WHIRISH    : int  929 1854 1839 2667 2253 6560 2212 4957 2923 1923 ...
 $ WHIRTRAV   : int  0 12 6 2 1 6 1 21 2 1 ...
 $ WHOTHER    : int  251 927 1026 425 362 696 169 158 370 623 ...
 $ BLIRISH    : int  44 147 88 91 58 81 12 28 48 79 ...
 $ ASIRISH    : int  148 416 330 32 39 135 27 19 55 119 ...
 $ OTHER      : int  38 111 127 58 39 63 28 30 49 63 ...
 $ ENOTST     : int  56 142 118 70 102 87 63 99 129 110 ...
 $ ENTOT      : int  1466 3609 3534 3345 2854 7628 2512 5312 3576 2918 ...
 $ NATIRISH   : int  945 2018 1902 2701 2293 6636 2218 5021 2962 1994 ...
 $ NATUK      : int  20 47 120 77 72 99 31 71 44 33 ...
 $ NATPOLE    : int  68 248 257 83 126 189 37 30 120 234 ...
 $ NATLITH    : int  30 46 26 47 23 49 7 7 23 37 ...
 $ NATEU25    : int  92 370 460 152 103 235 81 41 140 198 ...
 $ NATROW     : int  287 803 674 233 186 368 95 79 203 382 ...
 $ NNOTST     : int  24 77 95 52 51 52 43 63 84 40 ...
 $ AGE04      : int  54 149 79 281 130 534 116 386 294 182 ...
 $ AGE59      : int  35 76 38 220 82 513 115 328 244 98 ...
 $ AGE1014    : int  44 67 34 187 100 502 127 436 223 127 ...
 $ AGE1519    : int  95 136 89 204 154 419 131 531 232 145 ...
 $ AGE2024    : int  241 590 622 348 307 471 213 614 291 522 ...
 $ AGE2529    : int  264 665 630 468 398 433 221 421 302 514 ...
 $ AGE3034    : int  150 360 349 439 365 570 198 390 275 288 ...
 $ AGE3539    : int  83 203 116 295 176 686 187 382 257 201 ...
 $ AGE4044    : int  53 177 85 242 165 620 213 345 208 170 ...
 $ AGE4549    : int  64 132 60 191 156 459 168 381 190 143 ...
 $ AGE5054    : int  38 127 56 161 146 254 138 438 165 143 ...
 $ AGE5559    : int  39 118 56 135 136 196 112 327 133 116 ...
 $ AGE6064    : int  30 90 51 122 127 250 121 230 133 82 ...
 $ AGE6569    : int  59 67 47 117 111 293 121 114 127 65 ...
 $ AGE7074    : int  59 53 25 108 111 243 161 53 129 75 ...
 $ AGE7579    : int  38 43 27 85 97 160 142 36 88 72 ...
 $ AGE8084    : int  26 24 7 47 84 110 79 11 44 38 ...
 $ AGE85PL    : int  18 12 4 25 57 104 44 3 33 28 ...
 $ POP_Change: num  106 430 1330 -78 -10 889 -57 -96 249 203 ...
 $ Enroment   : int  NA NA NA NA NA NA NA NA NA NA ...
 - attr(*, "data types")= chr  "N" "C" "N" "N" ...
```

图 7-2　DublinEDs 属性数据详情

```
map.scale.2 = list("sp.text", c(299000,218000), "0", cex = 0.9, col = 1)
map.scale.3 = list("sp.text", c(305000,218000), "5km", cex = 0.9, col = 1)
map.layout<-list(map.na,map.scale.1,map.scale.2,map.scale.3)
spplot(DublinEDs, "POP_Change", main = "Pop Change in Dublin", key.space = "right", col.regions = mypalette, cuts = 6, sp.layout = map.layout)
```

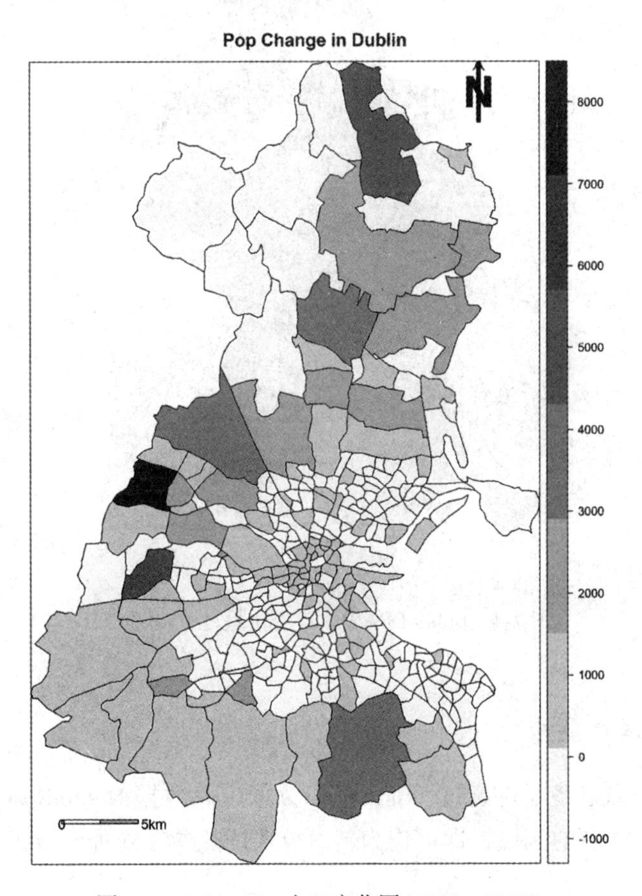

图 7-3　DublinEDs 人口变化图(2002—2006)

从图 7-3 可以看出，有较多 ED 人口并没有增长，为了不丢失有用数据，尽可能地过滤无用数据，可以将阈值设置为“2000”，将人口变化大于 2000 的 ED 提取出来，效果如图 7-4 所示。实现代码如下：

```
DublinEDs.Pop2k<-DublinEDs[DublinEDs $POP_Change>2000,]
plot(DublinEDs, col = "#BDD7E7")
```

```
plot(DublinEDs.Pop2k, col = "#3182BD", add = T)
```

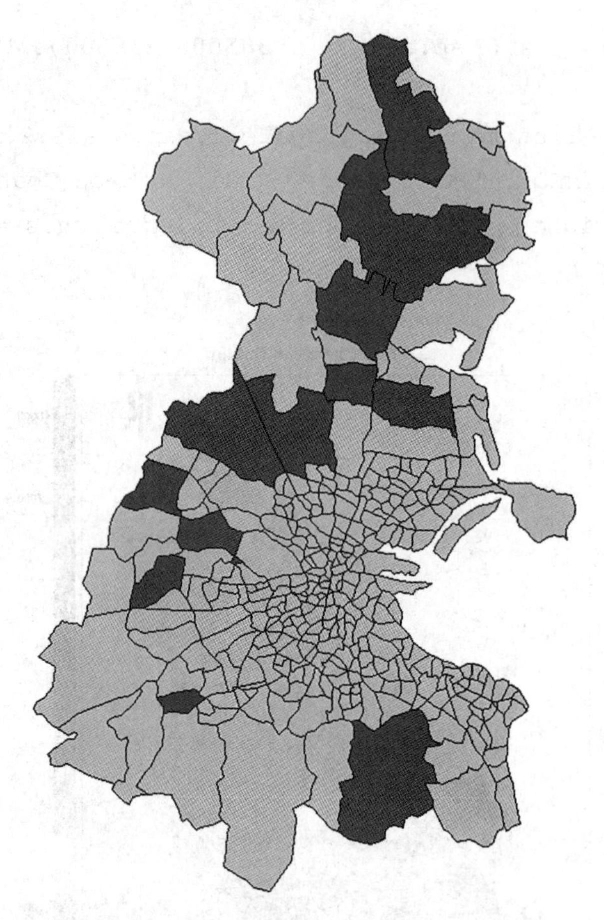

图 7-4　DublinEDs 中人口变化超过 2000 的 ED

7.2.2　交通可达性要求

要求学校地址离道路不得超过 3km，所以读取道路数据 DublinRoads，对其做 3km 的缓冲区，得到交通便利的区域，即可作为新学校选址的参考地址，效果如图 7-5 所示。实现代码如下：

```
library(rgeos)
DublinRoads <- readShapeLines ( " DublinRoads ", verbose = T,
proj4string = CRS("+init=epsg:27700"))
schools<-read.csv("Dublin_PrimarySchools.csv")
x<-schools $EASTING_
y<-schools $NORTHING
DublinSchools<-SpatialPoints(data.frame(x,y) ,proj4string = CRS
```

```
("+init=epsg:27700"))

  Dist3k<-gWithinDistance(DublinSchools, DublinRoads, dist=3000,
byid=T)
  DublinRoads.buf<-gBuffer(DublinRoads, width=3000)
  SchoolDist3k<-DublinSchools[as.logical(apply(Dist3k, 2, sum)),]
  plot(DublinRoads.buf, col="skyblue")
  plot(DublinRoads, add=T, cex=0.5)
  plot(SchoolDist3k, pch=16, col="blue", add=T)
  plot(DublinSchools[! as.logical(apply(Dist3k, 2, sum)),], pch=
16, col="grey", add=T)
```

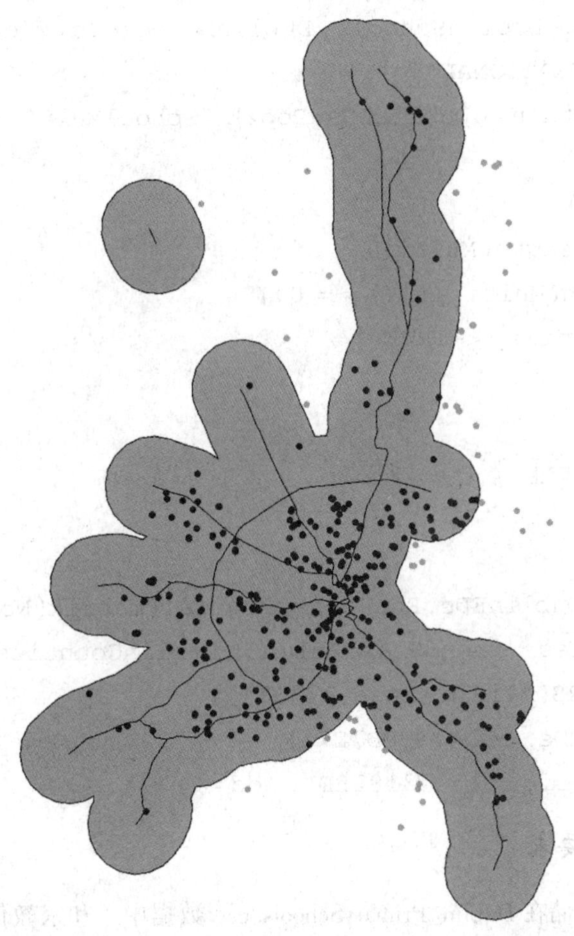

图 7-5　Dublin 道路网 3km 缓冲区

7.2.3 宗教要求

宗教信息存储在Dublin_PrimarySchools.csv数据中的DENOMINATI字段中，为满足新学校所在区域没有多宗教学校的要求，需要将宗教信息字段加到学校空间点数据DublinSchools中，找到其中含有多宗教学校的点。由于在前面7.2.1节中，已经过滤了一批人口增长不到2000的ED，为了快速选址，将多宗教学校点数据直接与DublinEDs中人口增长大于2000的数据结合，通过gContains函数找到包含多宗教学校的ED。最后提取相反的ED，即可得到既满足人口增长要求，又满足宗教条件的ED效果如图7-6所示。实现代码如下：

```
DublinSchools.df<-SpatialPointsDataFrame(DublinSchools, data = data.frame(x,y))
DublinSchools.df@data$DENOMINATI <-schools$DENOMINATI
SchoolMulti<-DublinSchools[DublinSchools.df@data$DENOMINATI =="MULTI DENOMINATIONAL"]
Multi<-gContains(DublinEDs.Pop2k, SchoolMulti, returnDense = F, byid = T)
NoMulti<-c()
for (i in 1:length(Multi)){
    if(length(Multi[[i]]) == 0){
        NoMulti[i] <-TRUE
    }
    else{
        NoMulti[i] <-FALSE
    }
}
EDNoMulti<-DublinEDs.Pop2k[as.logical(matrix(NoMulti)),]
DublinCounties <- readShapePoly ( " DublinCounties", verbose = T, proj4string = CRS("+init=epsg:27700"))
plot(DublinEDs, col="#BDD7E7")
plot(EDNoMulti, col="#3182BD", add=T)
```

7.2.4 招生数量要求

招生数量信息存储在Dublin_PrimarySchools.csv数据中，和宗教信息一样，需要先添加到学校空间点数据DublinSchools中。为了研究Dublin市学校的招生分布情况，可以制作和7.2.1节相同的分层设色图，通过如下代码实现如图7-7的效果：

```
DublinSchools.df@data$ENROLLMENT <-schools$ENROLLMENT
```

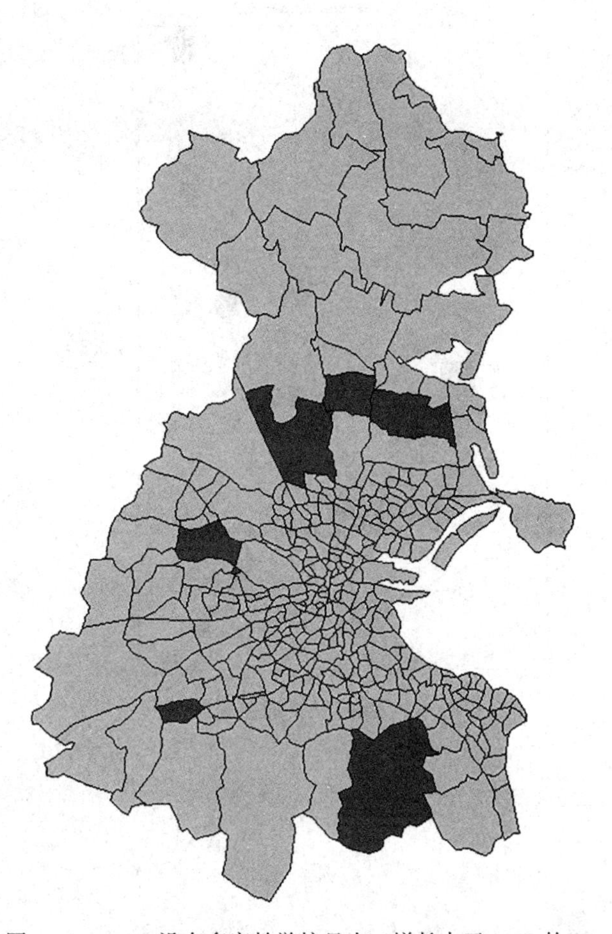

图 7-6 Dublin 没有多宗教学校且人口增长大于 2000 的 ED

```
mypalette<-brewer.pal(5, "Blues")
spplot ( DublinSchools.df, " ENROLLMENT ", main = " School
Enrollment", key.space = " right ", cex = DublinSchools.df @ data $
ENROLLMENT/180, col.regions = mypalette, cuts = 4, sp.layout =
map.layout)
```

由图 7-7，可以选取招生人数小于 200 为选址阈值，效果如图 7-8 所示。实现代码如下：

```
DublinSchools.Enroll2b<-DublinSchools[DublinSchools.df@ data $
ENROLLMENT<200,]
plot(DublinEDs)
plot(DublinSchools, pch=16, cex=0.5, col="skyblue",add=T)
plot(DublinSchools.Enroll2b, col="blue", pch=16, add=T)
```

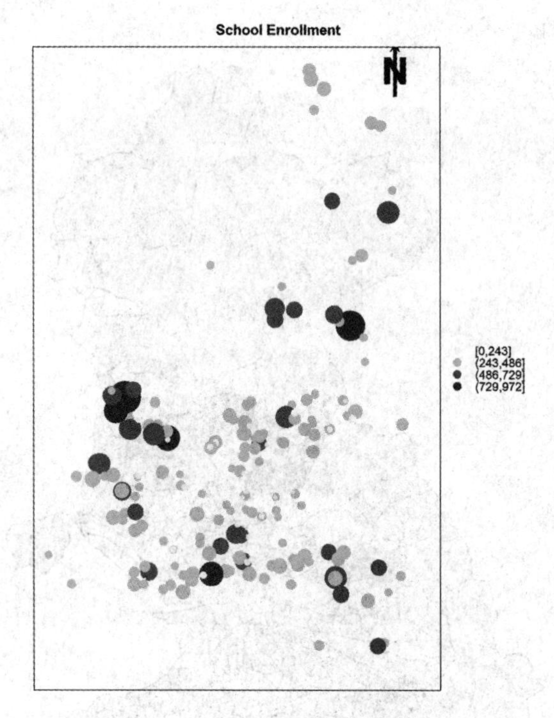

图 7-7　Dublin 交通便利的学校

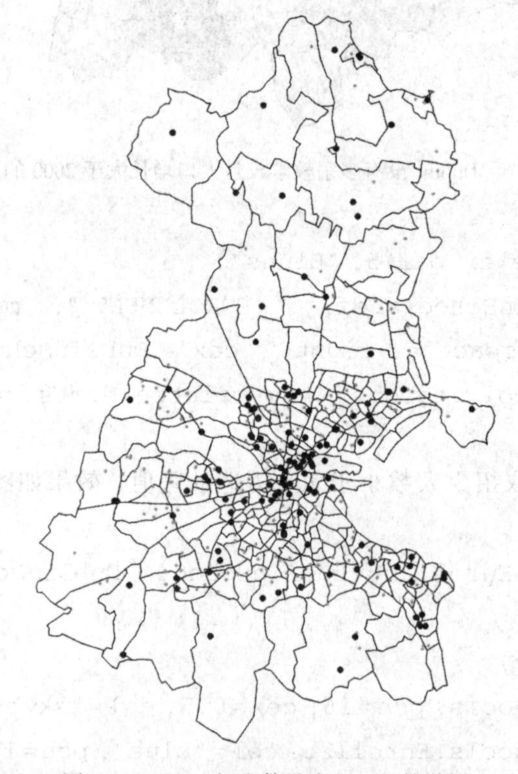

图 7-8　Dublin 招生数量小于 200 的学校

将招生数据与之前筛选过的 DublinED 数据(无多宗教、人口增长大于 2000)结合，即可得同时达到三个要求的选址区域，如图 7-9 所示。实现代码如下：

```
Pop_Multi_Enr1 <- gContains(EDNoMulti, DublinSchools.Enroll2b, returnDense=F, byid = T)
Pop_Multi_Enr2<-c()
for (i in 1:length(Pop_Multi_Enr1)){
    if(length(Pop_Multi_Enr1[[i]]) == 0){
        Pop_Multi_Enr2[i] <-FALSE
    }
    else{
        Pop_Multi_Enr2[i] <-TRUE
    }
}
EDPop_Multi_Enr <- EDNoMulti[as.logical(matrix(Pop_Multi_Enr2)),]
plot(DublinEDs, col=" #BDD7E7")
plot(EDPop_Multi_Enr, col=" #3182BD", add=T)
```

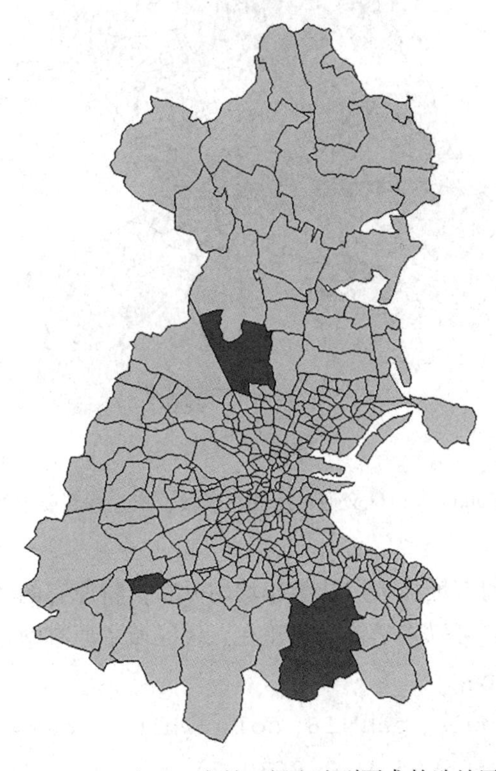

图 7-9 Dublin 人口、宗教、招生达到要求的选址区域

7.2.5　学校分布要求

在寻找均匀分布的学校地址之前，我们需要将前面得到的分析结果进行求交运算，得到的交集即为满足前面四个条件的地址区域。通过以下代码，如图 7-10 所示，最终有三个小块满足前四个选址要求：

```
Dublin.Inter<-gIntersection(DublinRoads.buf, EDPop_Multi_Enr)
plot(DublinEDs, col="#BDD7E7")
plot(Dublin.Inter, col="#3182BD", add=T)
```

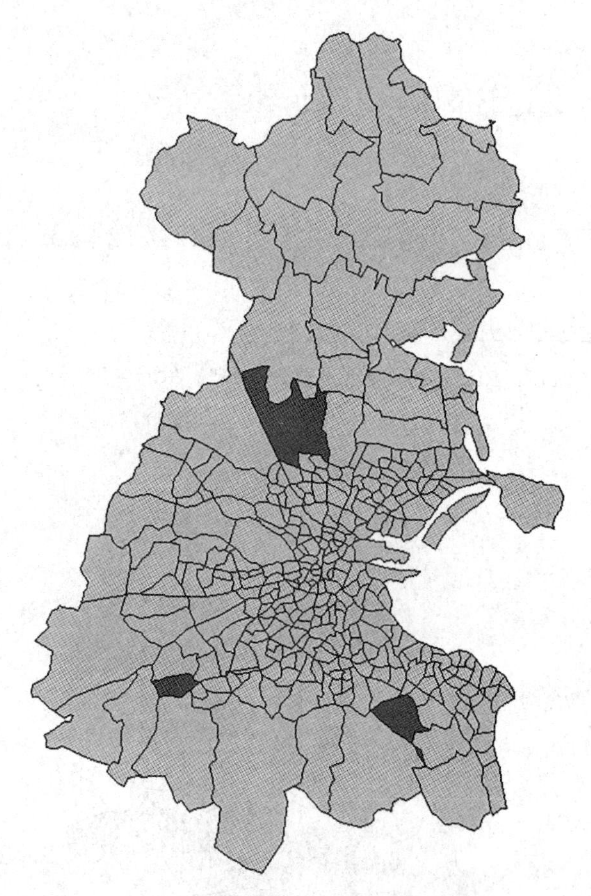

图 7-10　Dublin 人口、交通可达性、宗教、招生达到要求的选址区域

最后，需要考虑如何选址才可以让学校均匀分布。将原有的学校点数据添加上去，可以看到学校的密集程度，可以将学校分别建在三块区域中原有学校比较稀疏的点处，如图 7-11 所示。实现代码如下：

```
plot(DublinSchools, pch=16, col="white", cex=0.8, add=T)
x<-c(312073.2, 305995.5, 319630.7)
```

```
y<-c(242611.0, 226809.0, 224589.3)
points(x,y, pch=13, col="red", cex=1.5)
```

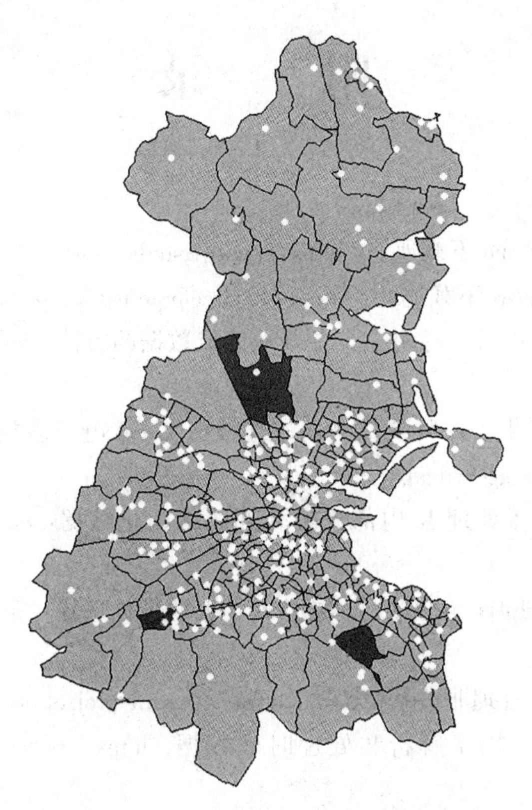

图 7-11 Dublin 学校选址最终结果

7.3 章节练习与思考

本章使用 **R** 工具进行了一个简单的案例分析——学校选址，但仍然有很多不够完善的地方，请读者在完成本章的学习后，根据 Data 文件夹中补充的数据，完善学校选址任务，并提供以下专题图成果：

①2002—2006 年人口的变化图，找出人口增长最大的几个 ED；

②交通可达性地图；

③已有学校的分布图(按宗教划分)；

④已有学校的招生规模分布图；

⑤三个新的学校位置分布图，需要从人口增长、交通可达性、教会学校分布等特征进行综合背景显示。

附　　录

1. **R** 软件下载地址：https://cran.r-project.org.
2. **R** 辅助编程软件 RStudio 下载地址：https://www.rstudio.com.
3. **R** 辅助编程软件 Tinn-R 下载地址：https://sourceforge.net/projects/tinn-r/.
4. **R** 函数包 **readr**，提供了一种快速且友好地读取数据的方法：https://cran.r-project.org/package=readr.
5. **R** 函数包 **readxl**，提供了一种快速且友好地读取 Excel 电子表格数据的方法：https://cran.r-project.org/package=readxl.
6. **R** 函数包 **dplyr**，用于处理 **R** 内部或者外部的结构化数据：https://cran.r-project.org/package=dplyr.
7. **R** 函数包 **tidyr**，与 **dplyr** 强强联合，是处理数据的最佳选择：https://cran.r-project.org/package=tidyr.
8. **R** 函数包 **rlist**，用于处理非关系型数据：https://cran.r-project.org/package=rlist.
9. **R** 函数包 **lubridate**，用于解析和处理时间数据：https://cran.r-project.org/package=lubridate.
10. **R** 函数包 **magrittr**，高效的管道操作工具包，能够减少代码的开发时间，提高代码的可读性和维护性，大大精简代码：https://cran.r-project.org/package=magrittr.
11. **R** 函数包 **lubridate**，用于处理分析点、线、面以及格网等空间数据：https://cran.r-project.org/package=lubridate.
12. **R** 函数包 **tibble**，高效地显示表格数据的结构：https://cran.r-project.org/package=tibble.
13. **R** 函数包 **sp**，用于处理分析点、线、面以及格网等空间数据：https://cran.r-project.org/package=sp.
14. **R** 函数包 **maptools**，提供了空间数据导入、导出和处理的函数集合，特别针对 ESRI shapefile 的格式，提供了便捷的读写工具：https://cran.r-project.org/package=maptools.
15. **R** 函数包 **rgdal**，C++ GDAL 库在 **R** 中的集成函数工具包，支持多种常见矢量和栅格格式的空间数据文件读取、处理和写入操作：https://cran.r-project.org/package=rgdal.
16. **R** 函数包 **rgeos**，基于 GEOS 开发的函数工具包 **rgeos**，提供了丰富的空间矢量数据处理函数，包括常见的对象关系判断和矢量图层操作工作(如交、并、补操作)：https://cran.r-project.org/package=rgeos.

17. Geometry Engine Open Source，GEOS，开源几何引擎：https://trac.osgeo.org/geos/.
18. proj.4，提供了坐标参考系定义、转换等功能：http://proj4.org.
19. **R** 函数包 **RQGIS**，提供了 **R** 与 QGIS 软件的接口函数和交互界面：https://CRAN.R-project.org/package=RQGIS.
20. **R** 函数包 **rgrass7**，提供了 **R** 与 GRASS 软件的接口函数和交互界面：https://cran.r-project.org/package=rgrass7.
21. **R** 函数包 **ggplot2**，用于数据可视化：https://cran.r-project.org/package=ggplot2.
22. **R** 函数包 **lattice**，基于 Trellis 图形的设计理念，主要用于实现元数据可视化：https://cran.r-project.org/package=lattice.
23. **R** 函数包 **RcolorBrewer**，提供了由 Cynthia Brewer 设计的常用色系选项，在属性数据表达和空间数据专题制图的过程中帮助用户进行颜色、色系的选择：https://CRAN.R-project.org/package=RColorBrewer.
24. **R** 函数包 **GISTools**，提供了多个常用的地图制图和空间数据处理工具，针对专题地图提供了图例、指南针、比例尺等制图要素的制作函数等：https://cran.r-project.org/package=GISTools.
25. **R** 函数包 **raster**，用于处理分析空间栅格数据或影像数据：https://cran.r-project.org/package=raster.
26. ECharts，一款开源、功能强大的数据可视化产品，由百度团队开发：http://echarts.baidu.com/echarts2/index.html，ECharts 最新版本是 ECharts3：http://echarts.baidu.com/.
27. **R** 函数包 **recharts**，百度 ECharts2 的 **R** 语言接口：https://github.com/madlogos/recharts.
28. **R** 函数包 **REmap**，百度地图的 **R** 语言接口：https://github.com/lchiffon/REmap.
29. **R** 函数包 **leafletR**，leaflets 的 **R** 语言接口：https://cran.r-project.org/package=leaflets.
30. 最受欢迎的开源交互式 Javascript 在线地图库：http://leafletjs.com/.
31. **R** 函数包 **gstat**，一个用于空间和时空地质统计建模、预测和模拟的库：https://cran.r-project.org/package=gstat.
32. **R** 函数包 **automap**，用于辅助插值，与 **gstat** 函数包结合使用：https://cran.r-project.org/package=automap.
33. **R** 函数包 **spdep**，是进行空间统计以及建模的基础函数包：https://cran.r-project.org/package=spdep.

参考文献

[1]Anselin, L. Spatial Econometrics: Methods and Models [M]. Dordrecht: Kluwer Academic Publishers. 1988.

[2]Anselin, L. Local indicators of spatial association—LISA [J]. Geographical Analysis, 1995, 27: 93-115.

[3]Atmajitsinh Gohil. R Data Visualizatin Cookbook[M]. Birmingham:Packt Publishing,2015.

[4]Azzalini A, Bowman A W. A Look at Some Data on the Old Faithful Geyser[J]. Journal of the Royal Statistical Society, 1990, 39(3):357-365.

[5]Bartlett M S. The square root transformation in analysis of variance[J]. Supplement to the Journal of the Royal Statistical Society, 1936, 3(1):68-78.

[6]Benedikt Gräler, Edzer Pebesma, Gerard Heuvelink. Spatio-temporal interpolation using gstat [J]. The R Journal, 2016, 8(1):204-218.

[7]Bivand R, Hauke J, Kossowski T. Computing the jacobian in gaussian spatial autoregressive models: an illustrated comparison of available methods[J]. Geographical Analysis, 2013, 45 (2):150-179.

[8]Bivand R, Piras G. Comparing implementations of estimation methods for spatial econometrics [J]. Journal of Statistical Software, 2015, 63(18):1-36.

[9]Bivand R, Pebesma E, GómezRubio V. Applied Spatial Data Analysis with R[M]. 2nd ed. New York:Springer, 2013.

[10]Box, G. E. P, Cox, D. R. An analysis of transformations[J]. Journal of the Royal Statistical Society. Series B (Methodological), 1964, 26(2):211-252.

[11]Brinkman R R, Gasparetto M, Lee S J, et al. High-content flow cytometry and temporal data analysis for defining a cellular signature of graft-versus-host disease[J]. Biology of Blood & Marrow Transplantation Journal of the American Society for Blood & Marrow Transplantation, 2007, 13(6):691.

[12]Carr D B, Littlefield R J, Nicholson W L, et al.Scatterplot matrix techniques for large N [J]. Publications of the American Statistical Association, 1987, 82(398):424-436.

[13]Chambers J M. Programming with Data: A Guide to the S Language[M]. New York: Springer, 1998.

[14]Chang W. R Graphics Cookbook[M]. California:O'Reilly Media, Inc. 2012.

[15] Cleveland R B, Cleveland W S. STL: A seasonal-trend decomposition procedure based on loess[J]. Journal of Official Statistics, 1990, 6(1):3-33.

[16] Cleveland W S, Grosse E. Computational methods for local regression[J]. Statistics & Computing, 1991, 1(1):47-62.

[17] Cleveland W S, Mcgill M E, Mcgill R. The shape parameter of a two-variable graph[J]. Publications of the American Statistical Association, 1988, 83(402):289-300.

[18] Cleveland W S. Visualizing Data[M]. New Jersey:Hobart Press, 1993.

[19] Dalgaard P. Introductory Statistics with R[M]. New York:Springer, 2002.

[20] Fisher R A. The design of experiments.[J]. International Journal of Plant Sciences, 1960, 57(1):183-189.

[21] Gentleman R C, Carey V J, Bates D M, et al.Bioconductor: open software development for computational biology and bioinformatics[J]. Genome Biology, 2004, 5(10):1-16.

[22] Gollini, I., B. Lu, M. Charlton, C. Brunsdon, P. Harris. GWmodel: an R package for exploring spatial heterogeneity using geographically weighted models [J]. Journal of Statistical Software, 2015,63: 1-50.

[23] Grolemund G, Wickham H. Dates and times made easy with lubridate[J]. Journal of Statistical Software, 2011, 40(03):1-25.

[24] Hadley Wickham. The Split-Apply-Combine strategy for data analysis[J]. Journal of Statistical Software, 2011, 40(01):1-29.

[25] Härdle, Wolfgang. Smoothing Techniques: with Implementation in S[M]. New York: Springer, 1991.

[26] Henderson H V, Velleman P F. Building multiple regression models interactively[J]. Biometrics, 1981, 37(2):391-411.

[27] Ihaka R. Colour for presentation graphics[J]. Proceedings of Dsc, 2003, 18(12): 2829-2838.

[28] Inselberg A. The plane with parallel coordinates[J]. Visual Computer, 1985, 1(2):69-91.

[29] Jerry L.Hintze, Ray D. Nelson. Violin Plots: a box plot-density trace synergism[J]. The American Statistician, 1998, 52(2):181-184.

[30] Kahle D, Wickham H. ggmap: spatial visualization with ggplot2[J]. R Journal, 2013, 5(1):144-161.

[31] Loader C. Local Regression and Likelihood[M]. New York:Springer,1999:257.

[32] Lu, B., M. Charlton, P. Harris & A. S.Fotheringham. Geographically weighted regression with a non-Euclidean distance metric: a case study using hedonic house price data[J]. International Journal of Geographical Information Science, 2014, 28: 660-681.

[33] Lu, B., Harris P., Charlton M. & Brunsdon C.. The GWmodel R package: further topics for exploring spatial heterogeneity using geographically weighted models [J]. Geo-spatial

Information Science, 2014, 17: 85-101.

[34] Lu, B., Harris P., Gollini I., Charlton M. & Brunsdon C.. GWmodel: an R package for exploring spatial heterogeneity[C]. In GISRUK 2013. Liverpool, 2013.

[35] Mark Harrower, Cynthia A. Brewer. ColorBrewer.org: An online tool for selecting colour schemes for maps[J]. The Cartographic Journal, 2003, 40(1):27-37.

[36] Michael Drman. Learning R for Geospatial Analysis[M]. Birmingham: Packt Publishing, 2014.

[37] Michael Friendly. Corrgrams: exploratory displays for correlation matrices[J]. The American Statistician, 2002, 56(4):316-324.

[38] Molyneaux L, Gilliam S K, Florant L C. Differences in virginia death rates by color, sex, age and rural or urban residence[J]. American Sociological Review, 1947, 12(5): 525-535.

[39] Nelsen RB.. An Introduction to Copulas[M]. New York: Springer, 1999.

[40] Paul Murrell, Ross Ihaka. An approach to providing mathematical annotation in plots[J]. Journal of Computational and Graphical Statistics, 2000, 9(3):582-599.

[41] Paul Murrell. Introduction to data technologies[M]. Florida: CRC Press. 2009.

[42] Pebesma E J. Multivariable geostatistics in S: the gstat package[J]. Computers & Geosciences, 2004:683-691.

[43] Perpinan Lamigueiro O. Displaying Time Series, Spatial, and Space-time Data with R[M]. Florida: CRC Press, 2014.

[44] Rizzieri D A, Koh L P, Long G D, et al. Partially matched, nonmyeloablative allogeneic transplantation: clinical outcomes and immune reconstitution[J]. Journal of Clinical Oncology Official Journal of the American Society of Clinical Oncology, 2007, 25(6): 690-697.

[45] Sarkar, Deepayan. Lattice: Multivariate Data Visualization with R[M]. New York: Springer, 2008.

[46] Scott D W. Averaged shifted histograms: effective nonparametric density estimators in several dimensions[J]. Annals of Statistics, 1985, 13(3):1024-1040.

[47] Swayne D F, Lang D T, Buja A, et al. GGobi: evolving from XGobi into an extensible framework for interactive data visualization[J]. Computational Statistics & Data Analysis, 2003, 43(4):423-444.

[48] Tomislav Hengl, Pierre Roudier, Dylan Beaudette, et al. plotKML: scientific visualization of spatio-temporal data[J]. Journal of Statistical Software, 2015, 63(5):1-25.

[49] Tuckey J W. Exploratory Data Analysis[M]. Massachusetts: Addison-Wesley Pub, 1977: 163-182.

[50] Tufte E R. The Visual Display of Quantitative Information[M]. 2nd ed. Graphics

Press, 2001.

[51]Wegman E. Hyperdimensional data analysis using parallel coordinates[J]. Publications of the American Statistical Association, 1990, 85(411):664-675.

[52]Wickham H. ggplot2: Elegant Graphics for Data Analysis[M]. New York:Springer, 2009.

[53]Wickham H. Reshaping data with the reshape package[J]. Journal of Statistical Software, 2007, 21(12):1-20.

[54]Wickham, Hadley. Advanced R[M]. Florida:CRC Press, 2014.

[55] Wickham, Hadley. ggplot2: Elegant Graphics for Data Analysis [M]. New York: Springer, 2009.

[56]Wilkinson L. The Grammar of Graphics [M]. New York:Springer, 1999.